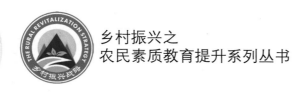

乡村振兴之
农民素质教育提升系列丛书

葡萄高效栽培技术与病虫害防治图谱

◎ 鲍金平　主编

中国农业科学技术出版社

图书在版编目（CIP）数据

葡萄高效栽培技术与病虫害防治图谱 / 鲍金平主编 . —北京：中国农业科学技术出版社，2020.1

（乡村振兴之农民素质教育提升系列丛书）

ISBN 978-7-5116-4571-5

Ⅰ.①葡… Ⅱ.①鲍… Ⅲ.①葡萄栽培—图谱 ②葡萄—病虫害防治—图谱 Ⅳ.①S663.1-61 ②S436.631-61

中国版本图书馆 CIP 数据核字（2019）第 278970 号

责任编辑	徐　毅
责任校对	李向荣

出 版 者	中国农业科学技术出版社
	北京市中关村南大街12号　　邮编：100081
电　　话	（010）82106631（编辑室）　（010）82109702（发行部）
	（010）82109709（读者服务部）
传　　真	（010）82106631
网　　址	http://www.castp.cn
经 销 者	全国各地新华书店
印 刷 者	固安县京平诚乾印刷有限公司
开　　本	880mm×1 230mm　1/32
印　　张	4.75
字　　数	130千字
版　　次	2020年1月第1版　　2020年1月第1次印刷
定　　价	36.00元

《葡萄高效栽培技术与病虫害防治图谱》

编委会

主　编　鲍金平

副主编　邹秀琴　郑子洪　潘青仙

编　委　章红霞　雷国华　鲍英杰

　　　　许　梅　黄应权　毛法新

PREFACE 前　言

　　葡萄是我国栽培的主要水果之一，因其营养丰富、味道鲜美，深受消费者喜爱。近年来，我国葡萄生产呈持续发展势头，据有关方面统计，至2017年，全国葡萄生产面积达1200多万亩，年产量达1300多万吨，葡萄栽培已经发展成为许多地区农民增收致富的重要产业。然而，随着葡萄栽培面积和范围的不断扩大，生产中不同程度地出现了许多这样那样的问题，如苗木和品种的选择、优质高效栽培措施、架式的选择应用、土肥水的科学管理、适宜的保护地栽培和病虫害无害化防控技术等，均需尽快解决和不断提高。特别是近年来，随着葡萄栽培面积的不断扩大，葡萄市场竞争越来越激烈，而随着人民生活水平的提高，消费者对葡萄品质的要求也越来越高，葡萄种植者对病虫害绿色防控技术的需求显得尤为迫切。因此，在中国农业科学技术出版社的积极筹措下，我们组织编写了本书。

　　本书以葡萄高效栽培和生产安全优质葡萄为宗旨，结合目前葡萄生产中的实际情况，从葡萄的生物学特性、生长发育环境、品种选择、园地准备、苗木定植、田间管理、采收与贮运等方面对葡萄种植技术进行了简单介绍。把重点放在葡萄病虫害绿色防控技术方面，精选了对葡萄产量和品质影响较大的22种侵染性病害、10种生理性病害和17种虫害，以彩色照片配合文字辅助说明的方式从病害（虫害）为害症状特征、发生规律和防治方法等方面进行详细讲解。还特别增加了近年来在生产中新出现的葡萄枝干溃疡病和葡萄溢糖性霉斑病等2种病害。

　　本书通俗易懂、图文并茂、科学实用，适合各级农业技术人员和广大农民阅读，也可作为植保科研、教学工作者的参考用书。需要说明的是，书中推荐的农药、肥料的使用量及浓度，会因为葡萄的生长区域、品种及栽培方式等的不同而有一定的差异。在实际应用中，建议以所购买产品的使用说明书为准。

　　在编写本书过程中，参考和引用了国内专家的一些文献资料和图片，在此致以谢意！由于作者学识水平有限，书中不足之处在所难免，敬请广大读者批评指正。

编　者

2019年4月

CONTENTS 目 录

（七）枝蔓的成熟和休眠

1. 成熟

葡萄新梢在浆果成熟期已开始木质化和成熟。浆果采收后，叶片的同化作用仍继续进行，合成的营养物质大量积累于根部、多年生蔓和新梢内。新梢在成熟过程中，下部最先变成褐色，然后逐步向上移。天气晴朗、叶片光照充足、气温稳定均有利于成熟过程的加快进行。

新梢的成熟与锻炼是密切相关的。新梢成熟得越好，则能更好地在秋季的低温条件下通过锻炼。新梢上的芽眼在未接受锻炼以前，在-8～-6℃时就可能被冻死，可是在经过锻炼之后，抗寒力显著提高，能忍受-18～-16℃的低温。一般认为抗寒锻炼过程可分为2个阶段。在第一阶段中淀粉转化为糖，积累在细胞内成为御寒的保护物质，此阶段最适宜的锻炼温度为-3℃；第二阶段为细胞的脱水阶段，细胞脱水后，原生质才具有更高的抗寒力，此阶段最适宜的温度为-5℃，如温度突然降至-8℃或-10℃时则不利于锻炼的进行，可能引起枝条和芽眼的严重冻害。

为了保证新梢的成熟和顺利通过抗寒锻炼，在生产上需要采取一些措施：一是合理负载，保证新梢有适当的生长量，维持健壮的树势；二是在生长季中保持有足量健康的叶片，使之不受病虫为害并获得足够的光照，保证浆果和枝蔓及时成熟；三是在生长后期控制氮肥的用量和水分的供应，使新梢及时停止生长，以利于在晚秋良好成熟和更好地接受抗寒锻炼。

2. 休眠

葡萄植株的休眠一般是指从秋季落叶开始到翌年树液开始流动时为止，一般可划分为自然休眠期和被迫休眠期2个阶段。虽然习惯上将落叶作为自然休眠期开始的标志，但实际上葡萄新梢上的冬芽进入休眠状态要早得多，大致在8月间，新梢中下部充实饱满的冬芽即已进入休眠开始期。9月下旬至10月下旬处于休眠中期，至翌年1—2月即可结束自然休眠。如此时温度适宜，植株即可萌芽生长，否则就处于被迫休眠状态。

打破自然休眠要求一定时间的低温。自然休眠不完全时，植株表现出萌芽期延迟且萌芽不整齐。葡萄从自然休眠转入开始生长所要求的低温（7.2℃以下）时间因品种不同，最低为200～300小时（美洲种葡萄），一般完全打破自然休眠则要求1 000～1 200小时。利用保护地栽培葡萄，如计划提前到12月或1月间加温，可提前用10%～20%的石灰氮浸出液涂抹或喷布芽眼，从而打破自然休眠，这样才能使芽眼迅速和整齐萌发。

二、葡萄的生长发育环境

（一）光照

葡萄喜光，属于长日照植物，对光的要求较敏感，光照时数长短、光照的强弱对葡萄生长发育、产量和品质有很大影响。欧美杂交品种葡萄比欧亚种葡萄对光周期的变化敏感。欧亚种的许多品种对短日照不敏感，但在生长季短的地区枝蔓不易成熟，耐寒力降低。日照的长短对果实的成熟没有明显影响。在露地栽培中，昼夜的长短对葡萄的生产影响不大。而在保护地栽培条件下，光照长短的调节则具有重要意义。光的成分和质量对葡萄的生长发育和结果具有一定的影响。在海拔较高的地区，蓝紫光丰富，特别是紫外线能使枝蔓生长健壮，促进花芽分化，使果实着色。因此，高原、高山及大水面附近的光照条件对葡萄枝叶生长和花果发育均有良好影响，而在设施栽培条件下常常由于自然光的不足，需要补光。

葡萄叶片的光饱和点为30 000 ~ 50 000lx，光补偿点为1 000 ~ 2 000lx。在光照充足的条件下，葡萄植株生长健壮充实，花芽分化良好，能正常开花结果，否则，新梢生长细弱，叶片薄，叶色浅淡，花序短小，果穗小，落花落果严重，产量低，品质差。冬芽分化不良，枝条成熟度差，会降低植株越冬抗寒能力，且直接影响次年的生长发育和开花结果。

葡萄具有生长量大、多次萌芽分枝的特点，容易造成架面郁闭，内部通风透光不良，叶片出现光照不足的现象。所以，生产上除了充分利用自然光照因素外，还应采取正确的栽培技术，以改善植株和内层叶片的光照条件。

（二）温度

温度是影响葡萄生长发育的重要气候因素。葡萄一般在春季昼夜平均气温达10℃左右时开始萌发，在秋季气温降到10℃左右时营养生长即停止。

葡萄不同物候期对温度要求不同，早春平均气温达10℃，地下30cm土温在7 ~ 10℃时，欧亚和欧美杂交种开始萌芽；山葡萄及其杂交品种可在土温5 ~ 7℃时开始萌芽。生长季最适的温度是20 ~ 25℃，低于15℃或高于40℃则不利于生长，40℃以上时叶片变黄并脱落，果实易日灼。开花期最适温度为25 ~ 30℃，果实成熟期最适温度为20 ~ 32℃。温度低于14℃则着色不良，成熟延迟，浆果糖度低酸度高。浆果成熟期最适的气温和较大的昼夜温差有利于浆果的着色和糖分积累，提高品质。根系开始活动的温度是7 ~ 10℃，在25 ~ 30℃时生长最快。

葡萄不同种群和器官对低温的忍受能力不同。欧亚种和欧美杂交种，萌发时芽可耐受-4 ~ -3℃的低温，嫩梢和幼叶在-1℃、花序在0℃时即发生冻害。在休眠期，欧亚种成熟新梢的冬芽可耐受-17～-16℃的低温，多年生的老蔓在-20℃时才发生冻害。根系抗寒力较弱，欧亚种的龙眼、玫瑰香等品种的根系在-5～-4℃时发生轻度冻害，-6℃时经两天左右被冻死。北方地区采用东北山葡萄或贝达作砧木，可提高根系抗寒力，其根系分别可耐-16℃和-11℃的低温，致死临界温度分别为-18℃和-14℃，可减少冬季防寒埋土厚度。

葡萄属暖温带果树，在生长发育期要求一定的活动积温。不同成熟期的品种需要的积温不同。早熟品种需积温较少，晚熟品种需积温较多，中熟品种需积温居两者之间。

由于环境条件的复杂性，温度分布、昼夜温差、日照、水分等的综合影响，同一品种在各地的表现有所差异。因此，各品种的适应性和抗逆性也不同。此外，同一品种在不同地区的成熟期也有较大差异。

（三）土壤

葡萄对土壤的适应性广，除黏重土、重盐碱土、沼泽地不宜栽种葡萄外，其他各种类型的土壤均可栽种葡萄。不同土壤对葡萄的生长发育、产量、品质有不同的影响。最适宜葡萄生长的土壤是土质疏松、孔隙度适中、容重小的沙壤土或轻壤土。这类土壤通气、排水及保水保肥性良好，有利葡萄根系生长。沙性强的土壤虽土质疏松、透气性强，排水良好，杂草少，病虫害轻，葡萄根瘤蚜不易繁殖，昼夜温差大，有利于养分积累，但营养物质含量低，保肥、保水能力差，昼夜温差大，冬、春两季植株易受冻害。在这类土壤上种植的葡萄常表现成熟早，含糖量高，但果粒较小。

含有大量砾石和粗沙的土壤也适宜葡萄栽培，这类土壤不仅通气、排水良好，且昼夜温差较大，有利于养分积累，有益于花芽形成，有助于提高果实品质。砾石位于土壤表层时，有利于土表温度的升高，且利于保墒排水，防止冲刷。此外，由砾石与肥力较强的母岩风化而成的砾石混合土，对葡萄生长也极为有利。

　　土层的深浅、含水量、地下水位高低均影响葡萄根系的分布。土层厚度在1m以上，质地良好，根系分布深而广，枝蔓生长健壮，抗逆性强。土壤表层太薄，则不利于葡萄生长。葡萄根系在通透性强、水分适度、含氧量高的土壤环境中，生长良好。土壤水分以田间最大持水量的60%～80%为宜，低于30%时植株停止生长，降至5%时叶片凋萎。土壤含水量过多必然使空气相对减少，缺氧会产生硫化氢等有毒物质，抑制根系活动，严重时根系停止生长并中毒。地下水位过高或过低均不适于葡萄生长，一般以1～2m较好。在园地选择中，如有较好的灌水条件，地下水位过低，可不作为主要限制因素考虑。

　　葡萄对土壤的酸碱度适应范围较大（pH值5～8），适宜的pH值为6～7.5，pH值低于4或高于8.5，葡萄生长受到抑制，甚至死亡。

　　葡萄园地的坡度、坡向也是影响葡萄栽培的因素之一。坡度应以在25°以下为好。5°～10°的缓坡地既有利于排水，不易积聚冷空气，光照条件也优于平地。在坡向选择方面，南坡优于北坡，东坡和西坡的优缺点介于南坡北坡之间。

（四）水分

　　水分是葡萄植株中重要的组成部分，它直接参与营养物质的合成、分解、运输及各种生理活动。葡萄由于生长量大，属于需水量较多的植物。在生长期内，需水量最多的时期是从萌芽到开花期前，开花期需水量减少，坐果后要求均衡供水，果实成熟期对水分的需求又减少。当缺水干旱时会引起葡萄一系列水分胁迫反应。在不同的时期，由于气孔关闭影响蒸腾和光合作用，会出现各种症状，如新梢减缓或停止生长、叶片萎蔫脱落、花序发育不良、果实停止生长等。但在葡萄生长后期，适当地出现干旱则有利果实提高品质和枝蔓成熟。

降水量多少及季节性降水分布的变化对葡萄生长结果有重要影响。我国北方大部分葡萄产区降水量多在300～800mm，年降水分布不均，常出现冬、春干旱，夏、秋多雨现象。因此，许多地区春季需要灌溉，夏、秋季又需控水，冬季为保证安全度过休眠期，还需灌封冻水。我国南方地区年降水量多在1 000mm以上，大多数地区春末夏初雨水较多，8—10月天气干旱，欧亚种葡萄难以适应，而欧美杂交品种较易适应。

在多雨潮湿的环境下，葡萄根系吸收水分过多，生长迅速，细胞大，组织嫩，抗性降低。开花期遇雨或灌溉，会影响授粉、受精，引起落花、落果，坐果率明显下降。成熟期水分过多，果实含水量增高，对品质有不利影响。采收后土壤过湿，枝芽成熟缓慢，停止生长延迟。土壤长期湿度过高，通气不良，易烂根。南方栽种的葡萄，在萌芽、生长、开花及果实发育前期，处在高温、潮湿的条件下，易感染各种病害，故选用抗病性品种和采取大棚避雨栽培尤为重要。

土壤水分条件的剧烈变化，对葡萄会产生不利影响。长期干旱后突然大量降水，极易引起裂果，果皮薄的品种尤为突出。夏季长期阴雨后突然出现炎热干燥天气，幼嫩枝叶不能适应，果实易发生日灼。

三、葡萄的品种选择

（一）早熟品种

1. 夏黑

欧美杂种，巨峰系第一代品种，三倍体。别名夏黑无核（图1-1）。果穗圆锥形，有歧肩，果粒着生紧密，自然状态下落花落果严重，经激素处理果穗450～500g。果粒近圆形，自然果粒重2～3.5g，经处理果粒重可达6～8g。果皮紫黑或蓝黑色，但超量挂果着色慢或不能着色，致夏黑不黑。果皮厚而脆，果粉厚。果肉硬脆，无核。口味浓甜，有浓郁草莓香味，可溶性固形物含量18%～21%。耐贮性较差，易脱粒。

树势强健，长势旺。花芽分化稳定，丰产、稳产性好。适应性、抗病性中等，易感果穗炭疽病。在浙江，4月底5月初开花，7月上中旬果实成熟。

图1-1　夏黑

2. 京亚

欧美杂种，巨峰系第二代品种，四倍体。果穗较大（图1-2），圆锥形或圆柱形，少有副穗，平均穗重478g，最大穗重1 070g，果粒着生中等紧密。平均单粒重10.84g，最大粒重20g，椭圆形，果皮紫黑色。果皮中等厚，果粉厚。果肉较软，汁多，味酸甜，稍具草莓香味。可溶性固形物含量为13%～15%，含酸量为0.7%，品质中上。果实着色整齐，不裂果，不掉粒，耐运输。

生长势较强，花芽分化稳定，丰产、稳产。抗病性较强，但易发灰霉病、炭疽病。在浙江省产地5月上旬开花，7月中下旬果实成熟。

图1-2　京亚

3. 醉金香

欧美杂种，巨峰系第一代品种，玫瑰香系第二代品种，四倍体。别名：茉莉香（图1-3）。果穗圆锥形、果粒着生紧密、平均穗重800g。果粒灯泡形，成熟时金黄色，平均粒重12g，最大粒重

19.1g。果皮薄，与果肉易分离。果实具有浓郁的茉莉香味，肉质软硬适度，汁多、适口性好，可溶性固形物可达18%～20%，品质上等。

生长势强，叶片特大、心脏形，叶面粗糙，叶背绒毛中多；枝条粗壮，成熟后为浅褐色。花芽分化好，丰产、稳产。抗病性较强，但易日灼。在浙江省产地5月上旬开花，7月下旬果实成熟。

图1-3　醉金香

4. 金星无核

欧美杂交种，果穗圆锥形（图1-4），紧密，平均穗重350g。果粒近圆形，平均粒重4.4g。果皮蓝黑色，果肉柔软、多汁，味香甜，可溶性固形物含量14%～15%，品质中上。果实7月中旬成熟，有的浆果内残存有退化的软种子，较耐运输。树势较强，枝条成熟度极好，结果枝率达90%以上，丰产性好，抗病力强，能适应高温多湿的气候。

图1-4　金星无核

5. 维多利亚

欧亚种，果穗
大，圆锥形或圆柱
形，平均穗重507g。
果粒着生中等紧密
（图1-5），果粒
大，长椭圆形，绿
黄色，平均单粒重
7.9g，最大重15g。
果肉硬而脆，味甜爽
口，可溶性固形物含
量13%～15%，含酸
量0.4%。

图1-5　维多利亚

生长势中庸，
丰产性强，中、短梢混合修剪。抗白粉病和霜霉病能力较强，果实膨大后期易裂果、易感白腐病。抗旱、抗寒力中等。适宜干旱、半干旱地区种植。果实成熟期7月下旬，成熟后不易脱粒，挂树期长，较耐贮运。

6. 红巴拉多

欧亚种，果穗大，平均单穗重600g，最大单穗重2 000g。果粒大小均匀，着生中等紧密，椭圆形（图1-6），最大粒重可达12g。果皮鲜红色，皮薄肉脆，可以连皮一起食用，可溶性固形物含量高，最高可达23%。不易裂果，不掉粒。生长势强，早果性、丰产性好，抗病性较强。果实7月上旬开始成熟，果实留树期，在避雨条件下，可以挂果到10月。

图1-6　红巴拉多

7. 无核早红

欧美杂种，巨峰系第一代品种，玫瑰香系第二代品种，三倍体。别名：8611、美国无核王。果穗中等大，自然穗重290g，经激素处理可达500～700g。果粒着生中等紧密，自然果粒重3～4.5g。果皮粉红色或紫红色，果皮中等厚，色泽鲜艳。果肉较翠、汁多，可溶性固形物含量12%～13%左右，风味稍淡（图1-7）。

生长势、发枝力极强，花芽分化好，极易丰产，生产中要注意控产。该品种对白腐病、炭疽病、霜霉病的抗性较强。5月上旬开花，7月中下旬果实成熟。

图1-7　无核早红

8. 碧香无核

欧亚种，果穗圆锥形，带歧肩，平均穗重500～600g，穗形整齐。果粒圆形，黄绿色，平均粒重4g。果皮薄，肉脆，无核，有香气，口感好。可溶性固形物含量可达22%，含酸量0.25%，品质上等（图1-8）。

树势较强，花芽分化好，较丰产。适应性、抗病性中等。5月上旬开花，7月上中旬成熟，开花至浆果成熟需60天左右，为极早熟品种。该品种是一个融早、甜、香、自然无核等优点为一体的葡萄新品种。

图1-8　碧香无核

9. 寒香蜜

欧美杂交种，果穗圆锥形（图1-9），中等大，平均穗重400～600g。果粒圆形，着生紧密，平均粒重4～5g，初熟为淡黄色，成熟后为浅粉红

图1-9　寒香蜜

色。果肉较脆，味甜汁多，有浓郁的哈密瓜香味，可溶性固形物含量18%～21%，自然无核，品质佳。

植株生长旺盛，萌芽率高，枝条成熟性好，花芽易形成、丰产稳产。抗病性、抗寒性强。在浙江省产地4月下旬开花，7月下旬成熟。

（二）中熟品种

1. 巨峰

欧美杂种，四倍体。果穗中等大，圆锥形，带副穗，穗重400～600g。坐果正常的果粒中等紧密，落花落果严重的果粒松散。果粒大，椭圆形（图1-10），平均粒重9～11g，最大粒重20g。果粉中等厚。果皮厚，紫黑色，易剥皮。果肉软、多汁，有肉囊，味酸甜，有草莓香味，可溶性固形物含量为16%～18%。

树势强，副梢结实力强，花芽分化好，丰产。但由于落花落果严重，栽培技术不到位的话，产量不稳定。抗病性中等，易感黑痘病、灰霉病。在浙江省产地5月上旬开花，8月中旬成熟。

图1-10　巨峰

2. 藤稔

欧美杂种，巨峰系第三代品种，四倍体。别名乒乓葡萄。果穗圆锥形，带副穗，自然穗重400～600g。果粒着生中等紧密。果粒大，椭圆形（图1-11），平均粒重10～12g。果皮厚，紫红色或紫黑色，易剥皮。果肉软、多汁，味酸甜，可溶性固形物含量为14%～16%。果实对激素很敏感，经膨大处理果粒可增大一倍以上，最大果粒可超过乒乓球。

图1-11　藤稔

树势强健，花芽分化好，极易丰产。抗病性中等，易感灰霉病、穗轴褐枯病。抗寒性较强。在浙江省产地5月上旬开花，8月上旬成熟，比巨峰成熟早7天左右。

3. 甬优1号

欧美杂种，巨峰系第四代品种，四倍体。由藤稔葡萄芽变而来，又名鄞红。果穗圆锥形，中等大，穗重500～700g。果粒椭圆形，平均粒重10～11g。果皮厚韧，紫红色，果粉中等。果肉脆硬，风味甜，可溶性固形物含量17%以上（图1-12）。

树势强，花芽分化好，丰产稳产。抗病性、耐寒性与藤稔相当。在宁波地区大棚保护地栽培条件下，成熟期一般为7月底至8月中旬，比巨峰葡萄略早。

图1-12　甬优1号

4. 阳光玫瑰

欧美杂种，果穗中大（图1-13），圆锥形，穗形紧凑美观，平均穗重620g，最大可达1 800g。果粒椭圆形，着生紧密，果面黄绿，有光泽，果粉少。果肉鲜脆多汁，具有浓郁的玫瑰香味，可溶性固形物含量18%～20%，最高可达26%，鲜食品质极佳。

植株生长旺盛，长梢修剪后很丰产，也可进行短梢修剪。适应性较强，

图1-13　阳光玫瑰

较抗葡萄白腐病、霜霉病和白粉病，但不抗葡萄炭疽病。在浙江省产地避雨栽培条件下，5月上旬开花，8月中旬果实成熟。该品种挂果期长，成熟后可以在树上挂果长达2个月果肉不变软。不裂果、不脱粒、耐贮运。

5. 金手指

欧美杂交种，因其果实呈弓形，头稍尖，色泽金黄，故命名金手指（图1-14）。果穗中等大，长圆锥形，着粒松紧适度，平均穗重450g，最大重980g。果粒长椭圆形至长形，略弯曲，呈菱角状，黄白色，平均粒重8.5g，最大可重达13g。含可溶性固形物19%，最高达26.1%，有浓郁的冰糖味和牛奶味，品质极上。

生长势中庸，新梢较直立。始果期早，副梢结实力中等。适应性和抗病能力中等。在浙江省产地5月上旬开花，8月中下旬成熟。

图1-14　金手指

6. 高妻

欧美杂种，巨峰系第二代品种，四倍体。果穗圆锥形，中等大（图1-15），穗重400～600g。果粒大，短椭圆形，自然粒重10～12g，最大重可达22g。肉质硬、脆。果实可溶性固形物含量为16%～18%，含酸量低，有草莓香味，果汁多。果皮纯黑色至紫黑色，着色容易。不易剥皮，不裂果。

树势中庸，花芽分化稳定，丰产稳产性好。该品种最大的特点是栽培容易，棚、篱架均可，不落花落果，着色容易。适应性和抗病性中等。在浙江省产地5月上旬开花，8月中下旬成熟。

图1-15　高妻

7. 贵妃玫瑰

欧美杂种，二倍体。果穗中等大，平均穗重550～600g。果粒大，圆形（图1-16），平均粒重9g，最大粒重11g，果粒着生紧密。成熟的贵妃玫瑰果实黄绿色，果皮薄，果肉脆，味甜，有浓玫瑰香味，可溶性固形物含量14%～16%，含酸量0.6%～0.7%，品质佳。

生长势和发枝能力偏弱，花芽分化稳定，丰产性好。抗病性中等，易感白腐病和炭疽病。在浙江省产地5月上旬开花，8月上中旬成熟。

图1-16　贵妃玫瑰

8.巨玫瑰

欧美杂种，巨峰系第一代品种，四倍体。果穗圆锥形，带副穗。果穗中等大（图1-17），平均果穗重550～650g，最大重800g。果粒大，椭圆形，平均粒重8～9g，最大粒重15g。果面紫红色或紫黑色。果肉软、多汁，味甜，具有浓郁的玫瑰香味，可溶性固形物含量18%～21%，品质上等。

生长势、发枝力强。花芽分化稳定，丰产稳产。适应性、抗病性中等，不耐高温，易感霜霉病。在浙江省产地5月上旬开花，8月中旬果实成熟。

图1-17　巨玫瑰

9. 红富士

欧美杂种，巨峰系第二代品种，四倍体。果穗中等大（图1-18），圆锥形，平均穗重510g，果粒着生中等紧密。果粒大，倒卵圆形，平均粒重9.4g，果粒大小整齐，果皮

图1-18　红富士

厚，粉红色至紫红色，果粉厚，果皮与果肉易分离，有肉囊，多汁，香甜味浓，可溶性固形物含量16%～17%，含酸量0.55%。果

刷短，易落粒。

树体生长势强，萌芽率高，副梢结实力强，早果性好，丰产。适应性、抗病性强。在浙江省产地5月上旬开花，8月中旬果实成熟，从萌芽到果实成熟需130天左右。

（三）晚熟品种

1. 温克

欧亚种，果穗圆锥形（图1-19），果粒紧密，平均穗重520g，最大穗重超过1 000g。果粒卵圆形，一般粒重8~10g，最大粒重14g。果皮紫红色，外观美丽，果粉多，

图1-19　温克

着色良好，肉质脆硬，切片不淌水。味浓甜，略有香味，口感极佳，可溶性固形物含量19%~21%，品质极佳。不脱粒、不裂果，耐贮运。

树势极强，花芽分化稳定，极丰产。适应性、抗病性强，但易感白腐病，易发生日灼。在浙江省产地4月下旬开花，9月中旬果实成熟。

2. 红地球

欧亚种，又名晚红，俗称红提。果穗长圆锥形，极大（图1-20），一般穗重800g，大的穗重可达2 500g。果粒圆形或卵圆形，着生中等紧密，平均重12g，最大重21g。果皮中厚，鲜红色，在高海拔山区着紫红色。果肉脆硬、汁少，切片不淌水，味甜，可溶性固形物含量15%～17%。果刷粗长，不脱粒，抗拉力强，极耐贮运。

树势较强，花芽分化和丰产性中等。适应性、抗病性较弱，易感白腐病和炭疽病，易发生日灼。在浙江省产地5月上旬开花，9月中下旬成熟。从萌芽到果实完全成熟生长期达165天。宜选择干旱、半干旱地区种植，在高湿热的南方地区种植必须采取避雨栽培。

图1-20 红地球

3. 美人指

欧亚种，果穗大，圆锥形，平均穗重可达1 000g。果粒性状奇特，长椭圆形（图1-21），先端尖，一般粒重9～11g，最大粒重20g。果粒基部为浅粉色，往端部（远离果梗）逐渐变深，到先端为紫红色，称一点红。肉质脆硬，酸甜适度，鲜甜爽口，无香味，可溶性固形物含量15%～18%。果皮较韧、不裂果，不脱粒。

生长势、发枝力极强，花芽分化中等，产量不稳定。适应性、抗病性较差，易感白腐病，易发生日灼。在浙江省产地5月上旬开花，果实9月上中旬成熟。

图1-21　美人指

4.大紫王

欧亚种，二倍体。果穗大，分枝形，一般穗重1 000～1 200g。果粒椭圆形（图1-22），自然平均粒重15～16g，最大粒重50g。果面紫红色或深紫色。果肉肥厚，较紧致，果汁紫红色，汁中多，皮较薄，易剥离。味甜、鲜爽，无香味，可溶性固形物含量15%～17%。果刷长，不脱粒，耐贮运。

生长势旺盛，花芽分化中等，丰产、稳产。适应性、抗病性较强，较抗灰霉病、穗轴褐枯病，易感黑痘病褐霜霉病。在浙江省产地5月上旬开花，果实9月上中旬成熟。

图1-22　大紫王

5. 红宝石无核

欧亚种，果穗中大（图1-23），圆锥形，一般穗重600g，最大穗超过1 000g。果粒卵圆形，着生紧密，自然粒重4~5g。果面紫红色，

图1-23　红宝石无核

果肉硬脆，汁中等多，味甜，有玫瑰香味，可溶性固形物含量17%~20%，品质上等。自然无核，不脱粒、耐贮运。

生长势、发枝力强。花芽分化稳定，丰产稳产性好。适应性、抗病性强，但易感白腐病。在浙江省产地5月上旬开花，10月上中旬果实成熟。

第二章
葡萄高效种植技术

一、葡萄园地准备

（一）园地选择

葡萄园地的选择除了应符合无公害葡萄园环境质量标准外，还要注意以下条件。

（1）地形开阔，阳光充足。背阳地带、光照少的地方不宜建园。

（2）地势高燥，排灌方便。低洼地、排水不畅易涝的田块不宜建园；无水源的旱地不能建园。

（3）土层深厚，土壤肥沃，土质疏松。土质黏重，土壤贫瘠，过酸过碱，附近有污染源的地段、田块不宜建园。

（二）园地规划

建立面积较大的葡萄园，要认真搞好规划和设计，按园地成方，渠路成行，路、沟、渠配套成网的要求进行规划，标准要高。

1. 作业区划分

为方便排灌和机械作业，应根据地形、坡向和坡度划分为若干作业区。划分作业区时，要求同一区内的气候、土壤、品种等保持一致，集中连片，以便于进行有针对性的栽培管理。平地上的葡萄园，每个小区可以考虑为8~10hm²，栽植区应为长方形，长边为葡萄园的行向，一般应不超过80m。在丘陵坡地，应将条件相似的相邻坡面连成小区。在坡度较小的山坡地（5°~12°），可沿等高线挖沟成行栽植；而在坡度较大时（12°~25°），需修建水平梯田，梯田面宽2.5~10m，并向内呈2°~3°的倾斜，在内侧有小水沟（深10~20cm），梯田面纵向应略倾斜，以方便排灌水。

2. 道路规划

道路系统规划应根据葡萄园面积大小而定。面积较小的葡萄园，只需把个别行间距适当加宽就可以作为道路使用；对于面积较大的葡萄园则要进行系统规划。园区的道路可分为大、中、小3级路面。大路贯穿全园，把园区分成若干区块，道路宽度4~6m，以便于车辆通行。区块内每8~10亩划分为1个小区，小区间修筑中路，中路的宽度为3~4m。在小区内根据需要修筑小路，或直接将个别行间距加宽作为小路，小路的具体宽度则根据各园区田间操作的具体要求而定。

3. 排灌系统

排灌系统的规划要与道路系统相结合。

总灌渠、支渠和灌水沟3级灌溉系统（面积较小也可设灌渠和灌水沟2级），可按0.5%比降设计各级渠道的高程。即总渠高于支渠，支渠高于灌水沟，使水能在渠道中自流灌溉。排水系统分小排水沟、中排水沟和总排水沟3级，但高程差是由小沟往大沟逐渐降低。排灌渠道应与道路系统密切结合，一般设在道路两侧。

南方多雨，一定要建好排水系统，畦沟通园地内排水沟，再通出水沟，三沟畅通。

在山区要从高处引水，或从低处抽水，顺梯田壁内侧修小渠进行灌溉。无天然水源时，宜5～10亩规划一口蓄水池。

有条件的果园应安装节水灌溉系统，既能节约用水量，又能根据葡萄不同生长时期的需要，实现精准供水。

4. 防护林带

营造防护林有防风固沙和改善园内小气候的作用。大型葡萄园要设立主、副林带，主林带与风向垂直，副林带与主林带垂直。主林带之间的距离为200～300m，副林带之间的距离为300～400m。林带以乔木、灌木相结合为宜。常用乔木树种有杨树、榆树、柳树、泡桐、桦树、松树、杜梨、沙枣等，常用的灌木树种有紫穗槐、荆条、酸枣、胡枝子、枸杞、花椒等。

小型葡萄园也应在园地周围10～15m以外种植树木进行防护。

5. 水土保持

对于建在山坡地的葡萄园一定要注意防止水土流失，在坡度较大的山地应修筑梯田，每一梯田的边缘用石块修砌，并种植深根型的小灌木，如荆条、紫穗槐等。

坡度小于10°的地段，也可不修筑梯田；而采用垄沟栽植法，即在坡地上等高开沟，在沟外缘筑壕，葡萄栽植于沟内侧的壕缘上。壕沟亦应保持0.2%～0.3%的纵向比例，以利于排水。

（三）整地施肥

1. 整地

一个种植小区要平整成一个水平面，便于管理。并对杂草、石块等杂物进行清理。

2. 做畦

南方多雨地区要起垄栽培，深沟高畦，挖畦沟和排水沟。畦面宽3～3.5m，畦按南北走向，长度60～80m。

3. 挖栽植沟

在畦中心线开栽植沟，沟宽70～80cm，深40～50cm。挖沟时应把表土与底土分开单放。

4. 施底肥

底肥施于栽植沟内，一般亩施3 000～5 000kg农家肥或2 000～3 000kg的商品有机肥+100kg钙镁磷肥，农家肥需事先堆沤，充分腐熟。先在种植沟底填一层稻草或杂草，第二层填入腐熟有机肥，与土拌匀，再把表土覆于畦面。

（四）棚架搭建

目前生产上采用较多的架式有双十字V形架和V形水平架2种，两种架式各有优点，适合不同的品种。

1. 双十字V形架

双十字V形架是一种有利于增强树势的架式，适用于长势比较弱的品种，有利于早果丰产。如维多利亚、金手指和贵妃玫瑰等品种。

（1）结构。由1根立柱，2根横梁，3层共6道拉丝组成。立柱可用长2.5m的粗水泥柱或耐腐木材；每个柱子需横梁2根，上横梁长80cm，下横梁长60cm，粗细视情况而定，以耐用为原则；钢丝以10～12号为好。

（2）搭建方法。

①埋立柱：每隔4~5m埋1根，每亩需60~70根，入土深度为40~60cm。

②架横梁：在离地面80cm处的立柱上架设短横梁，在第一根横梁上端距离第一根横梁25cm处架设长横梁，横梁最好从立柱中穿过。

③拉钢丝：在立柱距地80cm处拉第一层钢丝，钢丝要绕过柱子，形成一左一右2道拉丝，再以同样方法在立柱距地105cm处拉第二层拉丝，最后在距地140cm处拉第3层拉丝，总共形成3层共6道拉丝。这种架式构成后，冬季葡萄修剪时可将母蔓全部缚于横梁上，至翌年新枝长出时，便可沿两边的拉丝生长，形成上大下小双十字V形结构。

2. V形水平架

V形水平架是一种有利于缓和树势的架式，适用于长势比较旺盛的品种，有利于稳定花芽分化，实现丰产稳产。如夏黑、美人指、无核早红和藤稔等品种。

（1）结构。由立柱、一根横梁和8道拉丝组成。

（2）搭建方法。

①埋立柱：每隔4~5m埋1根，每亩需60~70根，入土深度为40~60cm。

②架横梁：在离地面1.7m处的立柱上架设2.2m长的横梁。两行葡萄一个大棚的园，也可用一根横梁架于2行的V形水平架上。横梁宜用一劈两的毛竹片，经济耐用。

③拉钢丝：柱两边离柱20cm、60cm、100cm处的横梁上各拉一条12号钢丝。毛竹片上打孔，拉丝从毛竹片孔中穿过。离地面155cm处柱两边各布一条拉10号钢丝（称底层拉丝），共8条。

（五）避雨棚搭建

多雨地区栽培葡萄应采用避雨栽培，浙江、江西、江苏、湖北、湖南等省以避雨栽培为主。每年宜萌芽前盖膜，采收后约1个月选晴天时揭膜。

目前生产上采用比较多的有简易小环棚、简易钢管单棚连接式连栋大棚和标准连栋大棚3种。

1.简易小环棚

（1）棚体结构。一行一个棚，棚宽2.5～3.0m，棚高2.3～2.5m。由水泥柱、竹片和钢丝组成。

（2）立柱。中心柱在每畦的中心线立柱，与葡萄架柱共用，水泥柱长2.9～3.1m，柱埋入土中60mm柱距4m。畦两头及大棚外围的水泥柱两根，其中一根垂直立柱和另外一根向外倾斜30°左右构成三角形，且要牵引锚石。立柱时直向、横向要均匀对齐，成直线；柱顶一样高低，全园成水平面。

（3）架棚顶。棚顶用宽2～2.5cm竹片或直径20mm镀锌管弓呈弧形，竹片或镀锌管固定在柱顶上，间距1.0～1.2m。用0.03～0.06mm多功能农膜覆盖，两头毛竹片或镀锌管固膜，用压膜带压住农膜（图2-1）。

图2-1　简易小环棚

2.简易钢管单棚连接式连栋大棚

（1）棚体结构。两行葡萄一个单体棚，棚宽5～6m，肩高1.8m，棚顶高3～3.5m。由3个以上单棚连接成3～10连栋。由拱管、拉杆、棚门和摇膜杆等组成。

（2）单棚安装。拱管采用直径2.2cm，壁厚1.2cm，长度5～6m的热镀锌钢管。棚宽6m的，拱管长5.5m，2根拱管用套管连接，拱管间距0.8～1.0m。顶部用5m长的镀锌钢管作拉杆，拉杆与拱管用铁丝夹固定。棚两边各安装一条槽板，位置离地面1.8m。棚两头各配1扇棚门，设6根立柱，上中下安装3条槽板。

（3）连栋棚安装。按单棚结构插好拱管，紧靠连棚的拱管插在单棚内侧，2根拱管相靠，离地面1.8m处用铁丝紧扎。

（4）摇膜带。压膜带安装在棚两侧，每2根拱管安装1个地柱，压膜带固定在地柱上，连棚的连接处压膜带固定在2根拱管相交的下方，不落地。

（5）摇膜杆。3连栋以上应安装通风摇膜杆，摇膜杆用5m长镀锌管连接。5连栋应安装2根摇膜杆，安装在中棚与左右两棚相接处，各向左右两棚一侧摇卷棚膜。摇杆一头安装摇膜器更方便。有条件的可以安装自动摇膜装置（图2-2）。

图2-2 简易钢管单棚连接式连栋大棚

3. 标准连栋大棚

按照GLP622连栋塑料钢架大棚建设标准搭建。

（1）结构。单栋跨度6m，两畦一栋，最多10连栋。由主立柱、副立柱、顶拱杆、纵向拉杆、天沟和卷膜机构等组成。棚顶高4.2m，天沟高2.5m，葡萄架面与棚顶间距1.7m。

（2）立柱。主立柱采用60mm×80mm×2.5mm热浸镀锌矩形钢管，间距4m；副立柱采用30mm×40mm×2mm热浸镀锌矩形钢管，间距1m。

（3）顶拱管、纵向拉杆和天沟。顶拱管外径≥22mm，壁厚≥1.2mm，间距0.6m；顶部设三道纵向拉杆；天沟高2.5m，采用热浸镀锌板冷弯成型，厚度≥2mm。

（4）立柱基础为40cm×40cm×60cm水泥墩，顶部预埋螺栓连接立柱。

（5）卷膜机构。边侧和顶部采用手动或电动卷膜通风装置，带自锁装置（图2-3）。

图2-3　标准连栋大棚

二、葡萄苗木定植

（一）定植时间

葡萄苗在秋季落叶后到第二年春季萌芽前都可栽植。生产上主要有秋栽和春栽，应根据当地的具体情况，选择适当的定植时间。

1. 秋栽

秋栽是在葡萄苗木落叶后，土壤上冻以前定植；在不埋土防寒地区秋栽效果比较好。

（1）秋栽的苗木从起苗到定植的时间比较短，无须假植，对苗木的损伤较小。

（2）葡萄苗木的根系与土壤有一个冬季的时间充分接触，翌年苗木萌动早、成活率高、生长势强。

（3）减轻了因冬季假植造成的资金和人力投入。

（4）在春季干旱且无灌溉条件的地方秋栽成活率较高；但秋栽和秋收秋种的时间赶到一起，劳力比较紧张，小面积建园可秋栽，大面积建园有一定难度，一般提倡春栽。

2. 春栽

春栽是在土壤解冻后至葡萄萌芽前进行定植。

（1）春栽有充分的时间做好定植前的准备。

（2）冬季严寒地区适于春栽，春栽可在土温达到8～10℃时进行，最迟不应晚于萌芽。北方各省一般以春季栽植为主，当20cm深土温稳定在10℃左右时即可栽植。

3. 营养钵苗栽植

可以实现葡萄的快速建园，延长栽植时间。定植时间一般在地温稳定在12℃以上时进行。定植时间过早易受晚霜危害；定植时间过晚，影响植株的生长量和葡萄枝条的老化程度，特别是红地球以及抗霜霉病较差的品种，进入8月以后，随空气湿度加大，易感染霜霉病，造成冬季枝条老化程度极差，越冬性能降低。

（二）定植密度

葡萄苗木的定植密度应根据采用何种架式而定，而架式又与品种、地势、土壤、作业方式有关。采用V形架式的，株距1.7~2m，亩栽110~130株；采用高宽垂架式、H形架式的，株距3.5~4m，亩栽55~65株；计划密植栽培的，株距0.8~1m，亩栽220~280株。

一般来讲，生长势强的品种宜适当稀植，生长势弱的品种宜适当密植；建园在土壤肥沃、水热充足的地方，栽植密度宜稀，反之应适当密植。也可以采取先密后稀的方式。

（三）定植方法

1. 成苗定植

定植前适当对苗木的根、蔓进行修剪。易生根且适应本地环境的品种，可用插条直接定植。从外地引进或经贮运的苗木，定植前最好用多菌灵和阿维菌素液浸泡消毒20分钟后再种。

春季定植前，先在回填好的定植沟内确定具体的栽植部位，用白灰做好标记。栽植时边埋土边轻轻抖动苗木，使根系舒展，并将定植穴内的土壤踩实。北方干旱地区栽植后及时整修树盘，并马上灌水。

如果在秋季定植，灌水后3~5天土壤见干后，耙地松土。北方寒冷地区，气温降到0℃左右时将苗木用塑料布覆盖或用土封好。

2.营养钵苗栽植

当营养钵苗生长到3~5片叶以后，外界地温稳定在15℃以上后，便可定植。

先挖定植沟，沟深20~25cm，沟宽25cm，沟长视地块情况而定。当定植沟挖好后，将锻炼过的葡萄苗，在阴天或下午进行定植，纸钵可带钵定植，塑料营养钵应去钵定植。定植的方法可采用"深沟浅埋"的办法，将绿苗进行沟栽，定植后及时灌水。以后随着葡萄苗木的生长，将沟逐渐填平。

（四）定植要求

根系舒展，并能充分与细土接触，不架空、不接触任何肥料；定植后淋足定根水；然后用秸秆或1m宽的黑膜覆盖，有保温、保湿、防杂草的作用。

三、种植当年管理

种植当年管理好差直接关系到第二年产量有与无、高与低。在南方，当年枝蔓达到一定的高度与粗度，第二年每亩产量可达1 000kg左右，特别好的可达1 500kg；如当年枝蔓没有培育好，第二年产量很低，甚至没有。

（一）枝蔓管理

1.抹芽、除萌

春季新梢生长至3~5cm时，每株选留1个健壮新梢，其余抹除。对嫁接苗要及时抹除嫁接口以下萌发的新梢。

2. 插杆绑蔓

新梢萌发后在植株旁插上2m长的小竹子，上头绑在架面钢丝上。新梢达20cm或不能直立生长时将新梢及时绑缚在小竹子上，牵引新梢直立向上生长。生长势比较弱的，进行摘心促使加粗生长。

3. 培育主蔓

种植当年一般要培育2~4条主蔓，视品种生长势强弱而定。一般在南方，生长势强的品种，都能培育出4条主蔓。

（1）双十字V形架。当新梢生长至距地面50cm高时进行摘心，顶端发出副梢培育成2条主蔓；如果生长势旺的，当2条主蔓生长至距地面70cm时再次摘心，使形成4条主蔓。4条主蔓生长到80~100cm时进行摘心，促使枝条增粗。主蔓上发出的副梢留1叶摘心。如果生长势弱的，就直接培育2条主蔓。

（2）V形水平架。与双十字V形架培育主蔓方法类似，但2次摘心高度分别在架面下40cm处和架面下20cm处。如果培育2条主蔓的，架面下20cm处摘心1次。

（二）肥水管理

（1）水分管理。定植后，每隔一周左右检查土壤墒情，注意补充水分；前期生长期，水分要充足，8月以后注意控水，使枝梢老熟。南方梅雨季节，要做好清沟排水，防止发生涝害。

（2）施肥。第一次新梢长至20cm以上且叶片展开后，才开始追肥，以稀薄水肥为主，一般每10~15天浇水肥1次，有水肥一体化设施的每5天滴1次肥。施肥先淡后浓，薄肥勤施、少量多次。8月下旬以后停止施肥。

（三）病虫害防治

（1）病害。主要做好黑痘病、霜霉病和褐斑病等的防治。

（2）虫害。主要做好叶甲、叶蝉、蓟马和透翅蛾等的防治。

（3）防治方法详见后面章节。

四、成年结果树管理

（一）破除休眠

据研究，葡萄冬芽需经7.2℃以下低温1 000～1 500小时（因品种而异），才能打破休眠，正常萌芽。如低温不足则影响萌芽，尤其是大棚栽培的葡萄，表现为萌芽不整齐，降低萌芽率和成枝率。而南方大部分省区不能满足低温需求，因此，需使用破眠剂来打破休眠。

方法：萌芽前20～35天（2月下旬至3月上旬），用12.5%石灰氮或1.5%氰氨溶液涂结果母枝，剪口2芽不涂，其余芽均认真涂。

（二）施肥

成年结果树每年施基肥1次，追肥5次，以有机肥为主，化肥为辅。施肥时间、肥料种类、数量和方法因品种有所不同。生长期结合病虫害防治进行根外追肥，坐果后至硬核前补充钙肥，硬核期后补充钾肥。肥料使用应符合NY/T 496肥料合理使用准则。

一般要做好以下几次施肥。

（1）催芽肥。萌芽前15天，亩施高氮复合肥20～25kg，硼砂2～4kg，缺镁地区加硫酸镁5～10kg。全园撒施，浅耕入土。

（2）壮蔓肥。新梢6～7叶时亩施三元复合肥15～20kg，撒施或对水浇施。树势旺的品种和果园不施壮蔓肥。

（3）膨果肥。花后10天，视挂果量亩施三元复合肥20～25kg，开浅沟施。

（4）着色肥。花后40～55天亩施硫酸钾复合肥20～25kg，撒施或对水浇施。

（5）采果肥。果实采收后，亩施高氮复合肥10～15kg，撒施或对水浇施。

（6）基肥。10月下旬至11月上旬有机肥1 000～1 500kg，加入钙镁磷或过磷酸钙50kg，开深沟施或全园铺施后深翻入土。

（三）水分管理

每畦安装4.5cm宽的软管带供水。盖膜后至萌芽整齐前，保持土壤较高的湿度；芽齐至谢花，保持土壤中等湿度；花期适当控水，降低空气湿度；幼果生长期，保持土壤较高的湿度；从转色至成熟期适当控水。每次施肥后灌足水，秋季注意灌水抗旱，农田灌溉水质应符合GB 5084要求。

（四）蔓叶果管理

（1）抹芽。萌芽后至3～4cm时，每3～5天分期分批抹去双芽、多芽中的边芽，留中间一个主芽，一般情况要抹去背后芽。

（2）抹梢、定梢。花序出现时开始定梢，新梢间距18～20cm，抹除过多、过密的新梢；结果枝与营养枝比例（3～4）：1，叶果比（30～40）：1，亩定梢量2 400～2 800条，因品种而异；在枝梢前部选留结果枝，在枝梢基部选留更新枝。

（3）摘心。结果枝长至花序上2～3叶时进行摘心，开花前2～3天对顶副梢摘心，其余侧副梢留1～2叶绝后摘心。

（4）副梢处理。大部分品种结果枝副梢抹除，但易发生日灼的品种，应花序以下节位留2叶绝后摘心，花序上一节位留3～4叶绝后摘心，以遮挡果穗，避免阳光直射。

（5）整花序。开花前3天至始花期整花序，按不同品种穗形要求整理，一般应去歧肩或副穗，去除穗尖，有利于开花整齐。

（6）疏果。谢花后15～20天开始疏果，疏除小粒果和过密的果，因穗型大小、果粒大小不同，每穗留适量果粒数。整穗、疏果应在晴天或多云天上午9：00后进行。

（7）定穗控产。一般葡萄品种亩产量控制在1 500～1 750kg，果穗平均重750g以上的大穗型品种，如红地球、大紫王、无核白鸡心等，亩定穗2 000～2 500串；果穗平均重500～750g的中穗型品种，如藤稔、高妻等，亩定穗3 000～3 500串；果穗平均重300～500g的小穗型品种，亩定穗3 500～4 500串。

（8）套袋。需要套袋的品种，谢花后30～35天套袋，选择晴天的上午9：00～11：00和下午2：00～6：00进行，使用白色专用纸袋。套袋前细致喷布1次保护性杀菌剂。采收前10～15天脱袋。

（五）冬季修剪

1. 冬季修剪的作用

葡萄冬季修剪具有调节营养生长与生殖生长平衡；保持树势，更新树体；控制树冠，整形造型；保障丰产、稳产，提高果实品质等作用。

2. 修剪时期

冬季修剪最佳时期是树体充分进入休眠期至伤流期前15天。

3. 修剪长度

根据葡萄芽眼异质性不同，冬剪时结果母枝剪留长度不一样。在生产上，结果母枝修剪长度通常以节数或芽眼数来计算。

（1）短梢修剪。剪留1～3个芽。

（2）中梢修剪。剪留4～8个芽。

（3）长梢修剪。剪留9～14个芽。

（4）超长梢修剪。剪留15个芽以上。

（5）混合修剪。同一植株上，同时采用长、中、短梢相结合的修剪方法。

（六）冬季清园

葡萄冬季修剪后，要清理掉修剪下的病虫枝、枯枝和病残果，清扫地上的病残叶、落叶，挖坑深埋或集中拿出园外销毁。再全园细致喷布3～5波美度石硫合剂。能有效地降低越冬病原菌和越冬害虫，从而减少翌年的初次侵染病原和害虫的发生量。

五、葡萄采收与贮运

（一）采收

1. 采前准备

采前要准备好采收工具、贮藏运输条件等。采收前10天停止灌水，如遇雨，可适当推迟采收；加强病虫害防治，减少贮藏果实的病原。

2. 采收时期

确定合理的采收期，对葡萄产量、品质和贮藏性都有较大的影响。采收过早，浆果尚未充分发育，着色差，糖分积累不足，未形成该品种固有的风味和品质，鲜食味不足，酿酒香不够，贮藏又易失水、易得病；采收过晚，易落粒，皮薄的品种还易裂果，果实硬度下降，不耐贮藏。

（1）鲜食葡萄采收。鲜食葡萄要求在最佳食用成熟期采收，具体鉴别标准如下：白色品种绿色变绿黄或黄绿或白色。有色品种果皮叶绿素逐渐分解，底色花青素、类胡萝卜素等色彩变得鲜明，并出现果粉；浆果果肉变软，富有弹性；结果新梢基部变褐或红褐色（个别品种变黄褐色、淡褐色），果穗梗木质化；已具有本品种固有的风味，种子暗棕色。

（2）加工葡萄采收。除了具备鲜食葡萄形态成熟标准外，还应注重内在品质。如果是酿酒、制汁、制干用，最好用折光仪测定含糖量；如果是制葡萄罐头用，则采收期为果实八九分熟时，以利于除皮、蒸煮和装罐等工艺操作。

3. 采收方法

采收应分批进行。采摘时间应在果面露水已干时开始，中午气温过高时停采。阴雨、大雾及雨后不宜采收。采下后要注意轻拿轻放，保护好果粉，采后放在阴凉处或立即进保鲜库进行预冷。

采摘时一手握剪刀，一手抓住穗梗，在贴近母枝处剪下，保留一段穗梗，采后直接剪掉果穗中烂、瘪、脱、绿、干、病的果粒；加工后的果穗直接放入箱、筐或内衬塑料保鲜袋的箱内，最好不要再转箱、不要异地加工。采收、装箱、搬运操作要小心，严防人为落粒、破粒。尽量避免机械伤口，减少病原微生物入侵之门。

4. 采后预冷

葡萄采后必须快速预冷，预冷可以有效而迅速地降低果实呼吸强度，大大延缓贮藏中病菌的危害与繁殖；可以防止果梗干枯、失水，防止果粒失水萎蔫和落粒，从而达到保持葡萄品质的目的。葡萄较合适的预冷方式主要有3种。

（1）冷库预冷。在0℃冷库内堆码垛实，冷却时间10小时左右。预冷库空气流量须每分钟60～120m³。此法虽冷却速度慢，但是具有操作方便、葡萄预冷包装和贮藏包装可通用的优点，是葡萄预冷较好的一种方式。

（2）强制冷风预冷。在预冷库内设冷墙，冷墙上开风孔，将装果实的容器远离码于预冷风孔两侧或面对风孔，堵塞除容器气眼以外的一切气路，用鼓风机推动冷墙内的冷空气，在容器两侧造成压力差，强迫冷空气经容器气眼通过果实，迅速带走果实携带的热量，达到预冷的目的。但此方法投资费用较高。

（3）自然预冷。利用夜间低温来降低葡萄体温。这种方法在葡萄简易贮藏中普遍采用。葡萄入库时敞开袋口，使库温降至-1℃。预冷时间以24小时左右为宜。

（二）贮藏

贮藏葡萄的方法很多，应用较多的有传统贮藏法、冷藏法和气调贮藏法。

1. 传统贮藏方式

传统的贮藏方式是在葡萄产地用缸藏或采用各种形式的通气窖或通气库贮藏。贮藏室内的温度是随外界气温的下降而下降。应用此种方式贮藏的果品，质量虽不是十分理想，但设备简单、成本低，也可以达到适当延长供应期的目的。

2. 冷藏法

用冷藏库贮藏水果是目前广泛应用的贮藏食品的方法之一。选择的贮藏条件适宜，可以获得理想的贮藏效果。因为冷藏库内的温度、湿度可以满足不同品种的要求，再加上其他技术的应用，使鲜食葡萄的供应期越来越长，几乎可达到周年供应。葡萄在低温下，其生理活性受到抑制，物质消耗少，贮藏寿命可以得到延长。葡萄的适宜库温为-1～0℃。冷库内的相对湿度控制在90%～95%，可以减少果实表面失水，使浆果处于新鲜状态。但若湿度过高，则容易引起真菌的繁殖和生长，导致果实霉烂。为了克服这一矛盾，一般采用施加防腐保鲜剂的方法，有很好的效果。除了温度、湿度对冷藏效果有影响之外，冷库内空气的流速、贮藏品种的成熟度以及所贮藏葡萄的品种、是否预冷处理等，都关系到冷藏的效果。

3. 气调贮藏法

气调贮藏法是通过调整气体中各成分的比例，达到果品较理想的贮藏效果。浆果在最适的温度和相对湿度下，降低贮藏环境中氧的含量、升高二氧化碳的浓度会延长葡萄的贮藏寿命。适宜葡萄贮藏的气体成分为二氧化碳3%、氧气3%～5%。但不同的葡萄品种所需的气体成分比会有不同。

气调库和冷藏库一样，要求有良好的隔热保温层和防潮层，库房内要有足够的制冷系统和空气循环系统。一般气调库比冷调库要小一些，因为产品入库后要求尽快装满密封。另外，气调库要有很好的气密性，防止漏气。在实际中，气调库一般与塑料膜袋结合使用，在膜袋中调节气体组成，以节约成本。

（三）运输

16小时内的葡萄运输，一般装车后即发车；16小时以上的运输，最好采用冷藏车（船）或冷藏集装箱等冷链运输。如条件不具备，也可先预冷至0℃后，再采用普通汽车进行保湿运输或保温集装箱运输。

　　运输时，应注意包装容器一定要装满装实，做到轻装、轻卸，运输途中防止剧烈摆动造成裂果、落粒。运输工具应清洁、卫生，无污染。公路汽车运输时严防日晒雨淋，铁路或水路长途运输时注意防冻和通风散热。避免混杂使用运输工具。

第三章
葡萄侵染性病害防治

一、葡萄黑痘病

葡萄黑痘病又称葡萄疮痂病，俗称鸟眼病。我国葡萄各产区均有分布，尤其是南方多雨高湿地区发生严重。

（一）病害特征

该病对葡萄的叶片、果实、新梢、叶柄、卷须、穗轴等均能侵染，尤其对幼嫩部分侵害最重。

叶片受害后（图3-1）初期发生针头状红褐色至黑褐色斑点，周围有黄褐色晕圈。以后逐渐扩展成圆形病斑，中部变成灰白色，稍凹陷。后期病部组织干枯硬化，脱落而穿孔。幼叶受害后多扭曲，皱缩为畸形。

新梢（图3-2）、叶柄、卷须、穗轴感病初期出现圆形或不规则褐色小斑点，以后呈灰黑色，边缘深褐色，中部凹陷；严重时多个病斑连成大斑，致新梢停止生长、萎缩，甚至枯死。

幼果感病初期出现圆形深褐色小斑点，圆斑中部灰白色，略凹陷，边缘红褐色或紫色似"鸟眼"状。多个病斑可连成大斑，后期病斑硬化或龟裂。病果小而酸，失去食用价值。感病较晚的果粒仍能长大，病斑凹陷不明显，但果味较酸。病斑仅限于果皮，不深入果肉（图3-3）。

图3-1　黑痘病叶片受害状　　图3-2　黑痘病新梢受害状

图3-3　黑痘病果实受害状

（二）病原及发生规律

病原为葡萄痂圆孢菌，属半知菌亚门、痂圆孢菌属真菌。

病菌以菌丝体潜伏在果园内残留的病斑组织中越冬。翌年环境条件适合时产生分生孢子，分生孢子借风雨传播。最初侵染新梢及幼叶，以后为害幼果、卷须等幼嫩组织。停止生长的叶片及着色的果实抗病力增强。该病为高温、高湿型病害，发病适宜温度24～26℃和较高的相对湿度。潜伏期一般6～12天。该病一般在4月下旬温度升高后开始发病，发病盛期在5月中旬至6月上旬。

（三）防治方法

（1）冬季清园。冬季修剪后，清除病枝、病果、落叶，剥除老翘树皮，并集中深埋或拿到园外销毁。清园后和萌芽前全园喷布3～5波美度石硫合剂，以灭杀越冬病原菌。

（2）实施避雨栽培。在覆膜避雨栽培条件下，葡萄植株的新梢、叶片、果实不受雨淋，切断了病原的雨水传播途径，可使植株免受病菌的侵染和为害。

（3）药剂防治。预防此病要及早喷药，保护植株上幼嫩枝叶和幼果。一般新梢长至15cm时第一次用药，花前用药2～3次。常用药剂有：40%氟硅唑乳油8 000倍液、5%亚胺唑可湿性粉剂600～800倍液、33.5%喹啉铜悬浮剂1 000～1 500倍液、10%苯醚甲环唑水分散颗粒剂1 000～1 500倍液等。

二、葡萄炭疽病

葡萄炭疽病又称晚腐病，我国葡萄产区发生均较普遍，南方高温高湿地区发病较严重。

（一）病害特征

葡萄炭疽病主要为害着色或近成熟的果粒，造成果粒腐烂（图3-4）。也可为害幼果、叶片、叶柄、果柄、穗轴和卷须等。着色后的果粒发病，初在果面产生针头大小的淡褐色斑点，其后病斑逐渐扩大成深褐色凹陷的圆形病斑，其上产生呈轮纹状排列的小黑点，天气潮湿时，溢出粉红色黏液。发病严重时，病斑可以扩展到半个或整个果面，果粒软腐，易脱落，病果酸而苦，或逐渐干缩成为僵果。果柄、穗轴发病产生暗褐色、长圆形的凹陷病斑，可使果粒干枯脱落。叶片染病一般不表现症状，因此，认为该病菌是潜伏浸染叶片。

图3-4 葡萄炭疽病

（二）病原及发生规律

病原为胶孢刺盘孢菌，属半知菌亚门、炭疽菌属真菌。

病菌主要以菌丝体在结果母枝、一年生枝蔓表层组织及病果上越冬。一般年份，病害从6月中、下旬开始发生，以后逐渐增多，7—8月果实成熟时，病害进入盛发期。

炭疽病属高温、高湿型病害。降雨、栽培、品种及土壤条件等都与病害流行密切相关。孢子产生最适温度为25~28℃，萌发适温为28~30℃。分生孢子团只有遇水后才能散开并传播出去；孢子萌发也需要较高的湿度。所以，高温、多雨是病害流行的一个重要条件。

（三）防治方法

（1）清除病原。炭疽病原菌主要在病枝、落叶和结果母枝上越冬，冬季修剪后，要清除修剪下的病枝、落叶并集中销毁或深埋。清园后和萌芽前全树喷布3~5波美度石硫合剂，以灭杀越冬病原菌。

（2）果实套袋。露地栽培的葡萄坐果后及时套袋，是防治炭疽病最经济最有效的办法。设施栽培的葡萄，套袋科延迟至果实第一膨大期的中、后期进行。

（3）药剂防治。在谢花后、幼果期、果实膨大期，转色初期喷药保护，生长季节根据气候及发病状况用药。常用药剂有：33.5%喹啉铜悬浮剂750~1 500倍液、80%代森锰锌可湿性粉剂600~800倍液、80%戊唑醇水分散粒剂4 000~5 000倍液、10%苯醚甲环唑水分散颗粒剂1 000~1 500倍液等。

三、葡萄霜霉病

葡萄霜霉病是一种世界性葡萄病害，在我国各葡萄产区均有发生，南方葡萄产区局部病害较重。

（一）病害特征

葡萄霜霉病主要为害叶片，也为害新梢、花蕾和幼果幼嫩部分。染病植株树势衰弱，果实不能正常成熟，品质差，并影响塑年产量。

　　叶片染病，初期在正面（图3-5）出现半透明水渍状小斑点，逐渐扩大淡黄色至黄褐色多角形病斑，边缘界限不明显，常为多个小斑连在一起。环境潮湿时，在叶背面（图3-6）产生黄白色的霜状霉层，病斑后期变成淡褐色，干裂枯焦而卷曲，严重时叶片脱落。

　　嫩梢同样在初期出现水渍状病斑，表面有黄白色霉状物，但较叶片稀少。病斑纵向扩展较快，颜色逐渐变褐，稍凹陷，病梢停止生长而、扭曲，严重时枯死。

　　幼果感病后果色变灰褐色，后期病斑变深褐色下陷，产生一层霜状白霉（图3-7），果实变硬萎缩。果实半大时受害，病部变褐凹陷，皱缩软腐易脱落，但不产生霉层，也不有少数病果干缩在树上。一般从着色到成熟期果实不发病。

图3-5　叶面症状　　　　　　图3-6　叶面背症状

图3-7　幼果霜状白霉

（二）病原及发生规律

病原为葡萄生单轴真菌，属鞭毛菌亚门，卵菌纲，霜霉科单轴霉属真菌。

病菌主要以卵孢子在落叶及其腐烂叶片或土壤中越冬。第二年春天土温达到15℃时卵孢子萌发产生孢子囊，孢子囊随风雨传播。霜霉病属高湿冷凉型病害，潮湿、多雨、多露、多雾天气有利发病。病菌生长温度为7～29℃，最适温度20～24℃，潜育期4～20天。通常4月下旬开始发病，5—6月如遇连续阴雨天气，易造成病害流行。该病传播速度快，如果田间病菌过多，条件适宜，在短时间内会暴发成灾。

（三）防治方法

（1）杀灭病原菌。及时清除地上秋冬落叶，并集中到园外销毁。秋末冬初结合施基肥，对土壤进行深翻，将土表的病原菌埋入土中。在冬剪后和萌芽前全园喷布3～5波美度石硫合剂，要细致周到。

（2）实施避雨栽培。在覆膜避雨栽培条件下，葡萄植株的新梢、叶片、果实不受雨淋，可明显减轻病害的发生。

（3）药剂防治。在发病前，选择铜制剂等具有广谱性保护作用的药剂，如80%波尔多液可湿性粉剂300～400倍液、78%波尔·锰锌500～600倍液、33.5%喹啉铜悬浮剂1 000～1 500倍液、46%氢氧化铜水分散粒剂1 000～1 500倍液等。发病后应立即使用治疗性药剂，如80%烯酰吗啉水分散粒剂3 000～4 000倍液、25%嘧菌酯悬浮剂1 500倍液、48%苯甲·嘧菌酯悬浮剂1 500～2 000倍液、30%唑醚·精甲霜水分散粒剂2 500～3 000倍液等。施药次数视天气情况而定。上述药剂要合理搭配，交配使用，防止产生抗药性而影响防治效果。

四、葡萄灰霉病

葡萄灰霉病又称穗腐病，近年来，在南方葡萄产区发生比较严重，发病重的果园毁花穗70%以上。

（一）病害特征

葡萄灰霉病主要为害花穗、果穗和果梗，也可为害新梢及叶片。花前发病多在花蕾梗、花冠上发生，呈淡褐色。花后发病多在穗轴部分。潮湿时病部表面密生灰色霉层。发病严重时，整花穗或一部分花穗腐烂，俗称为"烂花穗"（图3-8）。受害部分以后干枯脱落。成熟期受侵害的果粒，变褐腐烂，并在果皮上产生灰色霉状物（图3-9）。

图3-8　花穗腐烂

图3-9　果粒腐烂

（二）病原及发生规律

病原为灰葡萄孢霉，属半知菌亚门，丝孢纲丝孢目真菌。

该病以分生孢子、菌丝体或菌核在病穗、病果上越冬。属温凉潮湿型病害，在葡萄开花期若遇不太高的气温和连续阴雨天气，最容易诱发灰霉病流行，常造成大量花穗腐烂脱落。开花期温差大的年份发病也重。果实着色期至成熟期若遇连续阴雨天气，也会造成发病烂果。凡裂果、虫伤的果粒都可诱发灰霉病，造成烂果。

（三）防治方法

（1）清除病原。结合其他病害防治，冬季彻底清园，并喷布3～5波美度石硫合剂，消杀越冬病原菌。

（2）加强管理。花期前后做好枝蔓管理，花序不见光是诱发灰霉病的主要因子，要及时疏除过密新梢，处理副梢，改善花期通风透光条件；大棚栽培的葡萄，若花期前后遇连续阴雨天，应全天打开棚门，降低大棚内湿度；科学、合理施肥，适当控制氮肥，增加磷、钾肥，促进树体健壮生长。

（3）药剂防治。关键做好2次药剂防治，即见花期或开花前1～2天和开花后第7～8天。常用药剂有：50%腐霉利可湿性粉剂1 000～1 500倍液、50%异菌脲可湿性粉剂1 000～1 500倍液、40%嘧霉胺可湿性粉剂800～1 000倍液、50%啶酰菌胺水分散粒剂1 200～1 500倍液等。为避免病菌产生抗药性，应采取不同类杀菌剂轮换使用。

五、葡萄穗轴褐枯病

葡萄穗轴褐枯病也称轴枯病，是葡萄花期主要病害之一，往往与灰霉病同时发生。

（一）病害特征

葡萄穗轴褐枯病主要为害葡萄幼嫩的穗轴，包括主穗轴或分枝穗轴，也可为害幼果和叶片。发病初期，在幼穗各级穗轴上产生褐色、水渍状的小斑点，迅速向四周扩展，成为褐色条状凹陷坏死斑（图3-10）。病斑进一步扩展，可环绕穗轴，使整个穗轴变褐枯死，不久即失水干枯，果粒也随之萎缩脱落。湿度大时，在病部表面产生黑色霉状物（即分生孢子梗及分生孢子）。幼果受害，形成圆

图3-10　穗轴褐枯病症状

形深褐色至黑色斑点，直径约为2mm，病斑仅限于果粒表皮，不深入果肉组织。随着果粒膨大病斑变成疮痂状，当果粒长到中等大小时，病痂脱落。叶片上也可产生病斑。

（二）病原及发生规律

病原为葡萄生链格孢霉，属半知菌亚门，丝孢纲，链格孢属真菌。

病菌以菌丝体或分生孢子在病残组织内越冬，也可在枝蔓表皮、芽鳞片间越冬。翌年开花前后形成分生孢子，借风雨传播，侵染幼嫩的穗轴组织，引起初侵染。潜育期3～5天，可进行多次再侵染。病菌只能侵染幼嫩的穗轴或幼果，当果粒达到黄豆粒大小时，果穗组织老化，病菌不能侵入，病害也随之停止发展蔓延。因此，本病是植株生长初期的病害。

该病属温凉潮湿型病害。开花前后如遇低温多雨天气，有利于病害侵染蔓延。葡萄品种间抗性差异明显，巨峰品种发病最重。

（三）防治方法

（1）清除病原：冬季修剪后彻底清园，全园喷布3～5波美度石硫合剂，消杀越冬病原菌。

（2）加强管理：花期前后做好枝蔓管理，及时疏除过密新梢，处理副梢，改善花期通风透光条件；大棚栽培的葡萄，做好大棚内通风、降湿工作；科学、合理施肥，适当控制氮肥，增加磷、钾肥。

（3）药剂防治：与防治灰霉病一样，可在防治灰霉病时兼防穗轴褐枯病，不需另外喷药防治。

六、葡萄白腐病

葡萄白腐病又称腐烂病，是我国葡萄主要病害之一，分布在各葡萄产区。

（一）病害特征

主要危害穗轴、果梗和果粒，引起穗轴腐烂。也可为害枝条和叶片。

果穗发病（图3-11），先在小果梗和穗轴上发生浅褐色水渍状不规则病斑，然后逐渐向果粒蔓延。若穗轴发病，全穗果粒都受影响。严重发病时造成全穗腐烂，果梗穗轴干枯缢缩，震动时病果病穗极易落粒。

果粒发病时，先在基部出现淡褐色软腐，然后整个果粒变褐腐烂，果面密布灰白色小粒点。病果粒很容易脱落，严重时地面落满一层，这是白腐病发生的最大特征。

图3-11 白腐病果穗

新梢发病（图3-12）往往出现在受损伤部位，如摘心部位或机械伤口处。开始时，病斑呈水渍状，后上下发展呈长条状，暗褐色，凹陷，表面密生灰白色小粒点，病斑环绕枝蔓一周时，其上部枝、叶由黄变褐，逐渐枯死，后期病斑处表皮组织和木质部分层，呈乱麻丝状纵裂。

　　叶片一般在穗部发病后才出现症状。多从叶尖、叶缘开始，初呈水渍状褐色近圆形或不规则斑点，渐扩大成具有环纹的大斑（图3-13），上面密生灰白色小粒点，病斑后期常常干枯破裂。

图3-12　白腐病新梢

图3-13　白腐病叶片

（二）病原及发生规律

　　病原为白腐盾壳孢菌，属半知菌亚门，腔孢纲，盾壳孢属真菌。

　　白腐病属高温、高湿型病害。病菌以菌丝体、分生孢子和分生孢子器在病残组织内越冬。越冬病组织于春末夏初，气温升高又遇雨后，产生新的分生孢子和分生孢子器，借雨水滴溅和昆虫携带传播，侵染果穗、枝叶。夏季大雨后接着持续高湿（相对湿度95%以上）和高温（24～28℃）是病害流行最适宜条件。大雨或连续下雨后就出现1次发病高峰，特别是遇暴风雨，常引起白腐病大流行。白腐病首次侵染来自土壤，结果部位过低，容易发病。

（三）防治方法

（1）清除病原。冬季修剪后彻底清园，全园喷布3～5波美度石硫合剂，消杀越冬病原菌。

（2）加强保健栽培。合理留梢，改善果园通风透光条件；科学、合理施肥，适当控制氮肥，增加磷、钾肥；做好清沟排水，降低园内湿度；疏花疏果，控制产量。

（3）合理调整架式。棚架葡萄结果部位高，发病轻；篱架葡萄结果部位低，发病较重。篱架葡萄结果部位调整到距地面80cm以上，可有效减轻病害发生。

（4）药剂防治。在开花前后选择波尔多液、波尔·锰锌、喹啉铜等保护性药剂为主。坐果后遇上降雨后即进行防治，选用能兼治黑痘病、炭疽病的药剂。以后根据病情及天气情况，每隔10～15天喷1次。常用药剂有：10%苯醚甲环唑水分散颗粒剂1 000～1 500倍液、75%百菌清500～600倍液、80%戊唑醇水分散粒剂4 000～5 000倍液、80%代森锰锌可湿性粉剂600～800倍液、40%氟硅唑乳油8 000倍液、或48%苯甲·嘧菌酯悬浮剂1 500～2 000倍液等。

七、葡萄枝干溃疡病

葡萄枝干溃疡病是近几年在葡萄上新出现的病害，容易与白腐病混淆。在江苏、浙江、陕西、广西、湖南、河北等省区都有发生。

（一）病害特征

葡萄枝干溃疡病主要为害果穗，也为害枝条和叶片。病株表现树势衰弱、枝干有溃疡斑、叶片皱缩等症状。

在葡萄果穗上，发病初期，穗轴逐步枯萎（图3-14），较多从穗轴上部开始发病，也有部分从穗轴下部开始发病。到发病后期整串葡萄只需轻轻一抖，枯萎小穗轴上的发软的葡萄颗粒都会掉落（图3-15）。

图3-14　穗轴枯萎　　　　　　图3-15　轻轻抖动果粒落满一地

枝条发病时，大量当年生枝条出现灰白色梭形病斑，病斑上着生许多黑色小点（图3-16），横切病枝条维管束变褐；也有的枝条病部表现红褐色区域，尤其是分支处比较普遍。

有时叶片上也表现症状，叶肉变黄呈虎皮斑纹状、叶片皱缩。

图3-16　枝条受害状

（二）病原及发生规律

葡萄溃疡病的病原是葡萄座腔菌属的真菌。

病原菌可以在病枝条、病果等病组织上越冬越夏，主要通过雨水传播，从伤口、气孔侵入，树势弱容易感病。一般从果实转色初期开始发病，穗轴出现黑褐色病斑，向下发展引起果梗干枯致使果实腐烂脱落，有时果实不脱落，逐渐干缩。转色期至成熟期为发病高峰，病害发展速度较快，严重的造成减产30%～50%。通常超量挂果、树势衰弱的果园发病严重。

（三）防治方法

（1）加强管理。合理肥水，提高树势，增强植株抗病能力。

（2）控制产量。严格控制产量，夏黑葡萄亩产量不能超过1 250kg；红地球葡萄亩产量不能超过2 250kg。

（3）清除病原。及时清除田间病枝条、病果穗，带出园外集中销毁。

（4）药剂防治。发病前或发病初期喷施25%嘧菌酯悬浮剂1 500倍液，或10%苯醚甲环唑水分散粒剂1 000～1 500倍液，或48%苯甲·嘧菌酯悬浮剂1 500～2 000倍液防治。

（5）有溃疡斑的枝条尽量剪除，然后用40%氟硅唑乳油6 000倍液处理剪口或发病部位。

八、葡萄溢糖性霉斑病

葡萄溢糖性霉斑病是近几年在葡萄上新出现的病害，生产上很多农户把该病误当成白粉病来治疗。在广西、云南、浙江、台湾等省区已有发生。

（一）病害特征

该病主要为害果实，在果实接近成熟时发病，病果果皮表面布满雪花状霉斑，虽然果实发病后并无进一步溃烂或落粒等现象，但因外观品质严重受损，使病果丧失商品价值（图3-17）。

图3-17　果实受害状

（二）病原及发生规律

在引起葡萄发生溢糖性霉斑的病原菌研究中，广西农科院研究者们通过形态学鉴定及分子生物学鉴定，最终确定该系列菌株为橘青霉（P. citrinum），这是我国大陆地区首次报道分离并鉴定的与葡萄果实溢糖性霉斑相关的病原微生物。

溢糖性霉斑病的起因为膨果期营养珠外透，硬核期回吸营养后干固形成的黑点。因营养珠外渗引起的表皮破损导致临成熟期糖分外渗，而后因高温高湿的条件下，滋生附生菌霉变引起的病菌。

通常青霉属微生物不易在活体葡萄果实表皮的附生微生物群落中形成优势地位，推测葡萄果实溢糖性霉斑有可能是葡萄果实表皮附生微生态被某些因素破坏，从而造成青霉等丝状真菌形成生长优势所引发的病害。

橘青霉拥有强大的酶合成及代谢系统，能利用多种营养基质，能产生大量孢子，并借助空气流动迅速扩散，在潮湿条件下较易定殖生长，这些特点很可能是造成葡萄果实溢糖性霉斑持续发生的重要原因。

有研究发现，未经生长调节剂处理的自然坐果果实不易遭受橘青霉的侵害，而经较大剂量赤霉素处理的果实较易形成霉斑病害。可能是由于外源赤霉素处理，促使果实表皮通透性发生改变，为橘青霉的定殖提供了有利条件所致。

该病在各类促早栽培及避雨栽培的设施果园中均会有发现，只是发病轻重的问题。该病具有很强的顽固性，容易连续多年持续严重发生。

（三）防治方法

由于葡萄果实溢糖性霉斑病发病程度重且发生于果实成熟期，不宜采用化学药剂进行补救，因此，只能通过提早采取农业保健栽培措施进行预防。

（1）做好果园排水和通风工作，防止出现地面积水，降低果园环境湿度。

（2）及时清园并做好灭菌工作，减少可被青霉利用的生物基质。

（3）在保花保果过程中控制植物生长调节剂，特别是赤霉素的用量，以免葡萄果实表皮的天然结构被破坏，减少橘青霉定殖于葡萄果实表皮的有利条件。

九、葡萄灰斑病

葡萄灰斑病又称轮纹叶斑病，我国各葡萄产区均有发生。

（一）病害特征

葡萄灰斑病主要为害叶片。初发生时病斑近圆形，褐色至灰褐色、斑小。干燥时，病斑扩展慢，边缘呈暗褐色，中间为淡灰褐色；湿度大时，病斑迅速扩大，呈灰绿色至灰褐色水渍状病斑（图3-18），具同心轮纹。严重时3～4天扩展至全叶。后期，病斑背面可产生灰白色至灰褐色霉层，导致叶片早落。

图3-18 葡萄灰斑病症状

（二）病原及发生规律

病原为桑生冠毛菌，属半知菌亚门、丝孢纲、丝孢目真菌。

葡萄灰斑病属低温、高湿型病害。病菌以菌核或分生孢子在病组织内越冬。翌年早春气候适宜时形成分生孢子，借风雨传播为害。人工接种在20℃条件下，孢子梗上的疣状突起，6小时开始发芽，8小时左右可侵入叶片。若在伤口处接种菌丝，侵入后3天发病，6天病斑可长到2.9～6.6cm。低温、潮湿多雨、少光照有利于发病。

（三）防治方法

（1）防治灰斑病的关键是消灭越冬病源，清除病叶并集中销毁或深埋。冬季修剪后和萌芽前全树喷布1～3波美度石硫合剂，以灭杀越冬病菌。

（2）药剂防治。可在发病初期开始喷药，10～15天1次，连喷3～4次。常用药剂有50%腐霉利可湿性粉剂2 000～2 500倍液、10%苯醚甲环唑水分散颗粒剂1 000～1 500倍液、50%异菌脲可湿性粉剂1 000～1 200倍液。

十、葡萄褐斑病

葡萄褐斑病又称斑点病，在我国各葡萄产区均有发生。

（一）病害特征

褐斑病仅为害叶片，按其病斑大小和病原菌不同而分为大小褐斑病2种。

大褐斑病：发病初期在叶片正面产生近圆形或不规则褐色小斑点，以后病斑逐步扩大，直径可达3～10mm，中心有深，浅间隔的褐色环纹，有时外围有黄色的晕圈。天气潮湿时，于病斑表面及背面散生深褐色霉丛，即病菌的分生孢子梗及分生孢子。发病严重时，数个病连接在一起而成不规则形的大病斑（图3-19），直径可达20mm以上，后期病斑组织干枯破裂，导致早期落叶。

小褐斑病：病斑褐色近圆形，直径2～3mm，而且大小一致。一个病叶上可有数个至数十个病斑（图3-20）。后期一病斑背面产生深褐色霉状物，即病菌的分生孢子梗和分生孢子。

图3-19　大褐斑病病叶　　　　　　图3-20　小褐斑病病叶

（二）病原及发生规律

大褐斑病的病原为葡萄假尾孢菌，属半知菌亚门，假尾孢属真菌；小褐斑病的病原为座束梗尾孢菌，属半知菌亚门，尾孢属真菌。

病菌以分生孢子或菌丝体在病残组织内越冬，翌年早春气温回升后，产生分生孢子。分生孢子借风雨传播，由叶背气孔侵入引起初侵染。通常由下部叶片开始发病，逐步向上部叶片蔓延。褐斑病一般在5月至6月初发，7—9月为发病盛期。多雨年份发病较重。发病严重时可使叶片提早1～2个月脱落，严重影响树势和第二年的结果。

（三）防治方法

（1）清除病原。秋后及时清扫落叶病销毁，冬剪后彻底清园，全园喷布3～5波美度石硫合剂，消杀越冬病原菌。

（2）加强管理。科学、合理施肥，适当控制氮肥，增加磷、钾肥，提高树体抗性；做好清沟排水，加强通风降湿。

（3）绒球末期喷80%波尔多液可湿性粉剂300~400倍液；6月上旬发病前和7—9月发病盛期做好喷药防治，常用药剂有：80%代森锰锌可湿性粉剂600~800倍液、10%苯醚甲环唑水分散颗粒剂1 000~1 500倍液、80%戊唑醇水分散粒剂4 000~5 000倍、75%肟菌·戊唑醇水分散粒剂3 500~4 000倍等。

十一、葡萄白粉病

葡萄白粉病在全国各产区均有分布，以中部和西北地区发生较重。生长前期白粉病影响坐果和果粒的生长发育；后期引起果粒开裂，影响生长，降低葡萄的产量与质量及抗寒能力。

（一）病害特征

葡萄的绿色部分都可发病，尤其果实受害较重。

叶部发病时表面形成一层薄的白色霉层（图3-21），有的霉层可能变成黄白色，霉层不断扩大变成灰白色，后期叶片枯焦早落（图3-22）。

图3-21　葡萄叶前期为害状　　　图3-22　葡萄叶后期为害状

　　开花前果穗被害，可见淡白色的霉层，影响结果和花序开放。

　　幼果被害也覆一层灰白色的霉层，不能长大，继而变成铅色的石葡萄。未熟果发病时白霉部分可变为黑点，果粒歪斜，成畸形果；成熟的果则裂果（图3-23），味酸，不能食用，成熟期推迟。

图3-23　白粉病果粒裂果状

（二）病原及发生规律

　　病原为葡萄钩丝壳菌，属子囊菌亚门，白粉病科真菌。

　　病菌以菌丝体在葡萄冬眠芽内或被害组织内越冬，温室内以菌丝体和分生孢子越冬。越冬后的病菌随葡萄萌芽活动，河北省南部及河南省一带在5月中、上旬产生分生孢子，借风雨传播并进行侵染，5月中、下旬新梢和叶片开始发病，6月中下旬至7月中、下旬果粒发病。

白粉病属温暖干旱型病害，高温季节或干旱闷热的天气有利于发病，设施栽培条件下有加重趋势。氮肥过多，枝蔓徒长，通风透光不好则发病重。9月至10月中旬为秋后发病期。欧洲种较感病，而美洲种则较抗病。黑罕、白香蕉、早金黄、龙眼发病较重，巨峰、黑比诺、新玫瑰等较抗病。

（三）防治方法

（1）清除病原。冬季修剪后彻底清园，全园喷布3～5波美度石硫合剂，消杀越冬病原菌。

（2）选栽抗病品种。如巨峰等。加强栽培管理，增施有机肥，剪除有病组织，及时摘心，控制副梢生长，通风透光，减轻病害发生。

（3）化学防治。葡萄坐果后及时喷药防治，常用药剂有：30%氟菌唑可湿性粉剂1 500～2 000倍液、10%氟硅唑水分散粒剂2 000～2 500倍液、25%三唑铜可湿性粉剂1 500倍液、20%烯肟·戊唑醇悬浮剂1 000～1 500倍液等。

十二、葡萄黑腐病

葡萄黑腐病在我国葡萄各产区均有发生，一般为害不严重。但在长江以南地区，如遇连续高温高湿天气，则发病较重。

（一）病害特征

葡萄黑腐病主要为害果实，也为害叶片、叶柄、新梢、卷须和花梗。

为害叶片时，初为乳白色，后变成黄色至红褐色的细小圆斑，直径2～10mm，逐渐扩大成近圆形病斑，直径可达4～7cm，中央灰白色，外缘褐色，边缘黑褐色，上面生出许多黑色小突起，排列成环状，斑点具有黑褐色的清晰边缘是其主要特征。后期在病斑的中央出现一黑色小疱，乃是病菌的分生孢子器。叶柄上发生的病斑会造成整片叶枯死。

花梗、果梗及新梢受害处产生细长的褐色椭圆形病斑，中央凹陷，其上生有黑色颗粒状小突起。果粒发病初为紫褐色小圆点（直径1mm），后逐渐扩大，病部边缘呈红褐色，中央灰白色，稍凹陷。扩展较快，条件适合时1天可扩大至1cm，数天内病果便会干缩成黑色僵果，有明显棱角，挂在果穗上不易脱落（图3-24）。僵果后期布满黑色点状突起，即病菌的分生孢子器或子囊壳。

图3-24　葡萄黑腐病果粒症状

（二）病原及发生规律

病原为葡萄黑腐菌，属子囊菌亚门，腔菌纲，球座菌属真菌。

病菌主要以子囊壳在僵果或土壤中越冬，分生孢子器也可以在病部越冬。翌春葡萄萌芽后如有降水，则可弹射子囊孢子借风雨进行侵染。在发病的叶片或果粒上则可以产生分生孢子器并产生分生孢子进行再侵染。

病菌潜育期为8~25天，在果实上为8~10天，叶片和新梢上为20~21天。病菌主要侵染叶、花、果粒，温暖潮湿易发病，多雨季节易流行。果实成熟期发病重。

（三）防治方法

（1）清洁田园。由于黑腐病的主要侵染源是僵果，故而及时清除僵果并深埋是有效的防治措施。

（2）加强果园管理。增施有机肥，促使树壮，提高抗病能力，合理修剪，增强通风透光，降低湿度，有利于控制病害发生。雨后及时排水，降低果园湿度。

（3）化学防治。防治方法及时间同白腐病、炭疽病，一般不需单独喷药。

十三、葡萄酸腐病

葡萄酸腐病是近年来在葡萄上新发现的一种为害果实的病害，对果实的品质影响很大。

（一）病害特征

葡萄酸腐病是"细菌+真菌+果蝇"共同为害的综合病害。葡萄在转色期，由于糖分转化、皮薄易裂，给酵母菌、细菌、果蝇造成了滋生的条件。该病害的特点：一是果粒变软成淡褐色，慢慢腐烂（图3-25）。二是果穗里面有很多果蝇，残食果粒的破裂处，取掉果袋之后、果蝇乱飞。三是走进果园里会闻到一股发酵的酸臭味。四是为害严重的果穗上面有好多很小的白蛆，烂粒流水、感染扩大到整个果穗，整穗腐烂。

图3-25　葡萄酸腐病为害状

（二）病原及发生规律

酸腐病是真菌、细菌和醋蝇的联合危害。严格讲酸腐病不是真正的一次病害，应属于二次侵染病害。首先是由于伤口的存在，从而成为真菌和细菌存在、繁殖的初始因素，引诱醋蝇来产卵，醋蝇身体上有细菌存在，它的爬行、产卵造成了细菌的扩散传播。引起酸腐病的真菌是酵母菌，空气中酵母菌普遍存在。因此，酵母菌是引起酸腐病的病原之一。引起酸腐病的另一病原菌是醋酸菌，酵母菌把糖转化为乙醇，醋酸菌又把乙醇氧化为乙酸，乙酸的气味又引来醋蝇，醋蝇和蛆在取食过程中接触细菌。醋蝇和蛆成为传播病原细菌的罪魁祸首。由于醋蝇繁殖速度快、对杀虫剂产生的抗性能力强，一般一种农药连续使用1～2个月就会产生很强迫抗药性。

（三）防治方法

（1）早期防治。要防治白粉病等病害，减少病害伤口；幼果期使用安全性好的农药，避免果皮过紧或果皮伤害等对酸腐病防治有积极意义。

（2）成熟期防治。成熟期防治是防治酸腐病最为重要途径，使用80%必备和杀虫剂配合使用，是目前化学防治酸腐病唯一办法。穗期开始使用3次必备，10～15天1次，使用浓度80%必备400倍液，使用量每亩使用400～600g制剂（如重点喷洒穗部200g可有效控制酸腐病）。杀虫剂可选择低毒、低残留、分解快的杀虫剂，能和必备混合使用，并且一种杀虫剂只能使用1次。可使用的杀虫剂有：25%乙基多杀菌素水分散粒剂3 000倍液、2.5%高效氯氟氰菊酯水乳剂2 000～3 000倍液、40%辛硫磷乳油1 000～1 500倍液等。

（3）发病后的紧急处理。剪除病果粒，用80%必备400倍＋2.5%高效氯氟氰菊酯水乳剂2 000～3 000倍液涮病果穗；对于套袋葡萄，处理果穗后重新套袋，而后果园整体立即使用1次触杀性杀虫剂。

十四、葡萄锈病

葡萄锈病多发于我国华南、华东沿海省份及四川省等地，北方葡萄产区很少见。

（一）病害特征

该病主要为害叶片，叶柄、穗轴、果梗及新梢也可发生病害。严重发生时会引起早期落叶而造成枝条不充实，影响第二年的葡萄发育，尤其是在巨峰品种上发生较多。

为害叶片时，主要是中下部叶片被害。发生初期叶上出现零星小黄点，逐渐在叶背形成橘黄色铁锈状物（图3-26），严重发病时，整个叶片被孢子堆全部覆盖，叶脉上可见到铁锈色。10月后气温下降，与孢子堆邻近的地方形成有棱角的、褐色至黑褐色的疮痂状突起。叶片卷曲枯死脱落。叶柄、穗轴、果梗等部位发病多出现零星孢子堆，柔软新梢上也可见到。

图3-26　叶背形成橘黄色铁锈状物

（二）病原及发生规律

病原为葡萄层锈菌，属担子菌亚门，冬孢菌纲真菌。

在北方较冷地区主要以冬孢子在落叶上越冬，第二年春天萌发产生担孢子，侵染中间寄主并产生性孢子器和锈子器，继而产生孢子。

在南方温暖地区，也能以夏孢子越冬。夏孢子依靠风力进行飞散传播，从叶背面气孔侵入，经约1周的潜伏期后产生夏孢子堆，即发病。夏孢子不侵染幼嫩叶片，因此，只在成熟叶片上发生。多雨潮湿或夜间多露的高温季节易造成病害大发生。夏孢子对叶的侵入需要10～30℃的温度及90%～100%的湿度，尤以20～25℃及水滴为最佳侵入条件。防治不及时，7月中、下旬至8月上旬则进入缓慢发生盛期，8月下旬至9月上中旬为发病高峰期，至10月中旬进入缓慢发生期。

（三）防治方法

（1）做好冬季清园工作，铲除越冬菌源。

（2）加强果园管理，增施有机肥，促使树壮，提高抗病能力；合理修剪，改善通风透光，降低湿度。

（3）药剂防治。以早防为主，从发病初期开始喷药，每10～15天1次，连喷2～3次。有效药剂有：25%三唑铜可湿性粉剂1 500倍液、80%代森锰锌可湿性粉剂600～800倍液、1∶0.7∶200倍波尔多液、40%多硫胶悬剂500倍液、40%腈菌唑可湿性粉剂4 000～6 000倍液等。

十五、葡萄霉斑病

（一）病害特征

葡萄霉斑病主要为害叶片，初发病时叶上出现黄绿色小斑点，后扩大为不规则的褐色斑，叶片上有多个病斑（图3-27），后期病斑表面产生黑色霉状物即分生孢子，严重时病斑连片，使叶早期脱落。

（二）病原及发生规律

病原为座束梗尾孢菌，属半知菌亚门真菌。

病菌主要以菌丝体在落叶上越冬，翌年病组织产生分生孢子，借风雨传播，从气孔侵入为害。多雨潮湿天气有利霉斑病的发生。

图3-27　葡萄霉斑病症状

（三）防治方法

（1）清除病源。秋冬季彻底清扫落叶，深埋或集中到园外销毁。冬剪后全园喷布3～5波美度石硫合剂。

（2）加强管理。合理修剪，使葡萄园通风透光，降低湿度。

（3）药剂防治。要从发病初期开始，每10～15天左右喷药1次，连喷2～3次，常用药有80%代森锰锌可湿性粉剂600～800倍液、65%代森锌可湿性粉剂500～600倍液、25%嘧菌酯悬浮剂1 500倍液、600～800倍液、70%甲基硫菌灵可湿性粉剂1 000～1 200倍液、50%啶酰菌胺水分散粒剂1 200～1 500倍液。

十六、葡萄叶枯病

（一）病害特征

本病只发生在叶片上，生长后期发生严重。初始病斑从叶缘开始不规则变黄，边缘不明显，病斑圆形，以后可扩大为1～2cm，后期从叶缘开始逐渐变为褐色。严重时叶片大部分变为黄白色，只主脉和侧脉为绿色，且边缘变褐枯死（图3-28）。

图3-28　葡萄叶枯病为害状

（二）病原及发生规律

病原为桑生冠毛菌，属半知菌亚门真菌。

病菌在病叶上越冬，翌年4—5月形成子实体。主要通过雨水传播侵染，以后在病斑上的子实体可以进行反复传染，并可同时传染其他蔓性植物及交互传染。田间发病，常从植株下部的老叶开始，逐渐向上部叶片扩展。属低温高湿型病害，在秋雨频繁的9月及以后发病重。树势衰弱的发病重。

（三）防治方法

（1）冬季清园。秋冬清扫园中病叶并集中深埋或拿出园外销毁。

（2）药剂防治。前期结合灰霉病、白腐病、白粉病等病害防治，不需单独喷药。果实采收后做好两次防治，2次间隔15～20天，常用药剂有：80%代森锰锌可湿性粉剂600～800倍液、40%腈菌唑水分散粒剂4 000倍液、10%苯醚甲环唑水分散颗粒剂1 000～1 500倍液、50%嘧酯·噻唑锌悬浮剂1 200～1 500倍液等。

十七、葡萄叶斑病

葡萄叶斑病是南方葡萄产区常见的一种导致葡萄早期落叶的病害。

（一）病害特征

该病只为害叶片，多发生在生长中期。嫩叶比老叶发病重，一般新梢顶端第三、第四片叶最先发病。发病初期，叶面呈现近圆形、油渍状的褐色至黑色小斑点，逐渐扩大为直径3～4mm的病斑，中部呈灰白色，周缘为深褐色，病健分界明显，有时外围有褪绿色晕圈（图3-29）。后期在病斑正面生出稀疏的黑色小粒点，此为病菌的分生孢子器。一个叶片上常有数个病斑，多时达数十甚至数百个。数个病斑相连形成不规则形大斑，后期病斑易破碎穿孔，孔洞周边留有残痕，病叶提前脱落。

图3-29　叶片为害状

（二）病原及发生规律

病原为葡萄壳针孢菌，属半知菌亚门，腔孢纲，茎点霉属真菌。

病菌以菌丝体或分生孢子器在落叶中越冬。翌年在高湿条件下产生分生孢子，借风雨、昆虫传播进行危害。短期内可重复侵染。该病为高温高湿型病害，一般5月中、下旬开始发病，多雨高温季节发病严重，暴风雨过后常导致流行。

树势衰弱是诱发此病的主要因素。偏施氮肥、枝蔓徒长、组织幼嫩有利于病害感染。

（三）防治方法

（1）做好冬季清园。落叶后彻底清扫病叶，深埋或集中销毁；全园细致周到喷布3～5波美度石硫合剂，以杀灭越冬病原菌。

（2）加强果园管理。增施有机肥和磷钾肥，控制氮肥，避免枝蔓徒长；及时绑蔓、摘心，雨后及时排水，降低田间湿度。

（3）药剂防治。从发病初期开始防治，每12～15天1次，连喷2～3次，暴雨过后要及时喷药。常用药剂有80%代森锰锌可湿性粉剂600～800倍液、65%代森锌可湿性粉剂600～800倍液、10%苯醚甲环唑水分散颗粒剂1 000～1 500倍液、40%氟硅唑乳油8 000倍液、75%肟菌·戊唑醇水分散粒剂3 500～4 000倍液等。注意喷药均匀、雾滴细，叶片正、反面均要喷到。

十八、葡萄果锈病

（一）病害特征

葡萄果锈病主要发生在果实上，形成条状或不规则锈斑（图3-30）。锈斑只局限在果皮表面，为表皮细胞木栓化所形成，严重时果粒开裂，种子外露。

图3-30　葡萄果锈病症状

（二）病原及发生规律

葡萄果锈病由茶黄螨为害所造成。茶黄螨以雌成螨在枝蔓缝隙内和土壤中越冬。葡萄上架发芽后逐渐开始活动，落花后转移到幼果上刺吸为害，使果皮产生木栓化愈伤组织，变色形成果锈。

（三）防治方法

在葡萄出土后喷1次2～3波美度石硫合剂，杀灭越冬雌成螨。在幼果发病初期喷杀螨剂可防治果锈，有效药剂有：5%噻螨酮可湿性粉剂1 500～2 000倍液、20%氰戊菊酯乳油2 000～2 500倍液、10%联苯菊酯乳油2 500～3 000倍液、5.6%阿维·联苯菊水乳剂2 000～3 000倍、1.8%阿维菌素乳油4 000～6 000倍液等。

十九、葡萄白纹羽烂根病

葡萄白纹羽烂根病是葡萄主要根部病害之一，在全国葡萄各产区均有发生。

（一）病害特征

该病主要在葡萄根系和根茎处发生，其主要特点是发病处表面产生白色菌索和菌丝膜。发病初期，根系表面产生少量白色菌索（图3-31），以后逐渐增多，菌索扩展蔓延，严重时病部表面和土壤缝隙中布满白色菌丝层或菌丝膜，病根表面可产生菜子状茶褐色菌核（图3-32），根表皮柔软腐烂，木质部腐朽，皮层极易脱落。在潮湿地区，白色菌丝可蔓延到地表成白色蛛丝状。叶小而黄，发芽迟，新梢短，白色菌丝可蔓延到地表成白色蛛丝状。

受害植株叶小而黄，发芽迟，新梢短，树势衰弱，枝蔓上产生幼嫩气生根，枝条枯萎，严重者全株死亡。

图3-31　为害初期

图3-32　为害后期

（二）病原及发生规律

病原为褐座坚壳菌，属子囊菌亚门真菌。

病原主要以残留在病根上的菌丝、菌索在土壤中越冬。菌索与菌核在土壤中可存活5年以上。在生长季节，病菌可直接侵入根部为害，也可从伤口处侵入。病菌先侵害新根的柔软组织，后逐渐蔓延到大根，被害细根霉烂消失。病菌通过病根与健根接触或通过带病苗木远距离传播，7—9月为发病盛期。

凡土壤湿度大、低洼积水、碱性土壤则发病重，管理粗放、树势衰弱、栽植密度过大、耕作伤根多、土壤有机质缺乏的葡萄园发病重。

（三）防治方法

（1）加强检疫。选栽无病苗木，这是预防白纹羽烂根病的根本措施，在调运苗木时必须认真检查，发现病苗立即销毁，对剩余的苗木用50%苯菌灵可湿性粉剂1 000～1 200倍液，或70%甲基托布津800～1 000倍液，或50%多菌灵600～800倍液浸苗木10分钟，或用10%硫酸铜溶液、20%石灰水浸苗1小时进行消毒杀菌。

（2）加强育苗管理。不要在旧苗圃、老果园或林地育苗。

（3）加强栽培管理。科学施肥，不偏施氮肥，适当增加磷、钾肥；增强树势，提高抗病能力；雨季注意果园排水，不使果园积水；合理修剪，通风透光，减少其他病虫为害。

（4）病株隔离。对有烂根的树，要在其周围挖1m以上的深沟进行封锁，防止病害向四周蔓延。

（5）病树治疗。发现病树后，先挖至主根基部，扒开根部土壤，露出病斑并刮净，对于整条病根，要从基部去除，将所有病根清除干净。伤口必须用高浓度杀菌剂涂抹消毒，再涂以波尔多液保护，并用40%五氯硝基苯粉剂1份加土40～50份，充分拌匀后施于根部。

二十、葡萄根癌病

根癌病又称根头癌肿病，是一种细菌性病害。广泛分布在我国各葡萄产区，且北方产区比南方发生严重。

（一）病害特征

葡萄根癌病可发生在葡萄根部、根茎及多年生枝蔓上。一般发生在根茎嫁接口及2年生以上近地面1m左右的蔓上，初期病部形成似愈合组织的瘤状物，稍带绿色，组织内部松软、肉质，切开呈嫩白色，有时稍带粉红色。后病瘤增大，表面组织坏死，变褐色而粗糙，内部组织木质化而变坚硬，呈球形或不规则形，病瘤大小各异（图3-33）。病株生长衰弱，生长缓慢，抽蔓短小、叶色发黄、早落，果粒小、产量低，严重时可引起枝蔓枯死甚至全株死亡。

图3-33　葡萄根癌病症状

（二）病原及发生规律

病原为癌肿野杆菌，属根瘤菌科细菌。

病菌在肿瘤组织皮层内越冬，或随葡萄病残枝在土壤中越冬，在土中可存活1年以上。近距离传播主要通过土壤、雨水和灌溉水；远距离传播主要靠繁殖材料。病菌从伤口进行侵染，在导管内做长距离运行，侵入后刺激寄主细胞组织加速分裂和生长，从而形成肿瘤。

冬天防寒埋土时或春天出土过程中造成的伤口和苗木带菌是发病的主要原因，而碱性土壤、黏土、排水不良也有利于发病。

（三）防治方法

（1）严格检疫。种植无根瘤的苗木，禁止从疫区调苗。

（2）苗木消毒。对来历不明的苗木在定植前进行消毒，将苗木嫁接口以下部位用1%硫酸铜液浸泡5分钟，然后放入20%石灰水中浸泡1分钟，以杀死附着在根部的细菌。

（3）加强管理。改良土壤，增施酸性肥料或有机肥和绿肥，使土壤微酸而不利于病菌生长；耕作时避免碰伤，雨季注意排水等，均可减轻病情。

（4）药剂防治。在葡萄出土上架后，喷5波美度石硫合剂或10%春雷霉素可湿性粉剂1 000～1 200倍液，有一定防治效果。

（5）病瘤处理。用小刀将病瘤刮除，露出木质部，涂以5波美度石硫合剂或1∶3∶15倍的波尔多液保护。

（6）挖除重病株。无法治愈的重病株连根挖除，带出园外销毁，并将根系部位的旧土挑离葡萄园地，换上无菌的新土，种植上不带菌的植株。

二十一、葡萄黄点病

葡萄黄点病又称黄斑病、葡萄小黄点病，是一种全球性类病毒病害。在我国山东省、河北省以及黄河故道和长江流域均有发生。

（一）病害特征

葡萄黄点病主要在叶片上表现出明显的症状，多在夏季较老的叶片上首先发病，初为黄色，进而为橘黄色，后期为黄白色斑点（图3-34）。病斑多沿叶脉发生，分散或多块聚合在一起呈不规则斑块。症状因葡萄品种、树龄、环境条件的不同而有区别，有的不仅在叶脉旁有黄点，而且整个叶片上都有黄斑。有的幼树表现较重，老树表现较轻。另外，症状表现因多种病毒复合侵染而加重。

图3-34　葡萄黄点病为害状

（二）病原及发生规律

葡萄黄点病是一种类病毒病害，病原为类病毒Ⅰ型和Ⅱ型，单独或复合侵染引起发病。在自然条件下，修剪或繁殖时，通过工具或嫁接传毒，染病的繁殖材料也可携带病毒，种子不传毒。由于该类病毒在大多数欧美品种和砧木上不显症状，这就使其更易传播蔓延，给防治带来更大困难。

（三）防治方法

把茎尖置于20～27℃培养箱中培养，得到无黄点类病毒的再生组织后，再把茎尖组织置于10℃环境条件下进行低温培养，即可得到无病菌苗。茎尖脱毒时，如茎尖为0.1～0.2mm，则脱毒温度低限以25℃为宜。由于病株种子不带毒，可用于播种育苗。

二十二、葡萄卷叶病

（一）病害特征

典型症状是叶片边缘向叶背卷曲。病叶由新梢的基部叶片向先端蔓延，红色品种在叶片的叶脉间先出现淡红色斑点（图3-35），夏季斑点扩大、愈

图3-35　叶片症状

合，致使脉间变成淡红色，到秋季，基部病叶变成暗红色，仅叶脉仍为绿色。白色品种的叶片不变红，只是脉间稍有褪绿。病叶除变色外，叶变厚、变脆，叶缘下卷。病株果穗着色浅。如红色品种的病穗色质不正常，甚至变为黄白色；从内部解剖看，在叶片症状表现前，韧皮部的筛管、伴随细胞和韧皮部薄壁细胞均发生堵塞和坏死。叶柄中钙、钾积累，而叶片中含量下降，淀粉则积累。

（二）病原及发生规律

葡萄卷叶病是由复杂的病毒群侵染引起的。

卷叶病在病株内越冬，带毒植株在发芽长叶后即表现出症状。主要通过嫁接传播，用病株上的枝、芽做接穗，会使此病蔓延。

葡萄卷叶病发生于葡萄的所有品种，症状随品种、环境和季节而异。春季的症状较不明显，病株比健株矮小，萌发迟。在非灌溉区的葡萄园，叶片的症状始见于6月初，而灌溉区迟至8月。

（三）防治方法

目前仅知该病毒能通过嫁接传播，因此，栽植无病毒苗木或脱毒苗木是唯一有效的防治方法。

脱毒方法：将苗木放在38℃热处理箱中，在人工光照下生长56~90天，切取新梢2~5mm经扦插长成新株，脱毒率可达86%。脱毒苗经检测无毒后即可做无毒母株。

第四章
葡萄生理性病害防治

一、葡萄裂果病

葡萄生理裂果多发生在葡萄果实生长后期，是果实进入转色期近成熟时经常发生的一种病害。在贮藏过程中如湿度过大，某些品种也会发生裂果。裂果发生后既降低了果实的商品价值，又会使果实因很快感染病害而发生霉烂。

（一）症状

裂果表现的症状与葡萄品种本身有一定的相关性，不同的品种，

图4-1 裂果症状

其裂果部位和形状不同，从果蒂至果顶的果皮和果肉纵向开裂（图4-1），开裂的果实流出汁液，有的甚至露出种子。裂口处易感染真菌，使果实腐烂，失去经济价值。

（二）发生原因

（1）品种特性。不同品种之间裂果的程度存在显著差异，常见裂果严重的品种有维多利亚、藤稔、高妻、巨峰、郑州早玉等。

（2）水分因素。土壤水分失调是葡萄裂果的主要外在因素，裂果的发生与土壤的水分绝对含量没有关系，而与水分的协调供应有直接关系。裂果的发生往往与果实膨大期土壤含水量低、果实转色后土壤含水量急剧增加相关（如葡萄生长前期比较干旱，果实近成熟期遇到大雨或大水漫灌），前后变化越是剧烈，裂果发生的程度越大。这表明果实吸水也是造成裂果的主要原因。

（3）挤压裂果。留果量大，整穗疏果不到位，果实膨大过程中果粒过于紧密，挤压导致裂果发生。

（4）施氮肥较多或施用乙烯利催熟也易裂果。

（5）其他病害影响。引起葡萄发生裂果的病害主要有葡萄白粉病、葡萄根癌病和葡萄白腐病。葡萄白粉病直接导致裂果，且病害越重裂果越重；葡萄根癌病和葡萄白腐病不直接造成裂果，它们主要是通过影响葡萄水分的运输和供应，加重葡萄裂果的程度。

（三）预防措施

（1）品种选择。尽量不要选具有裂果特性的品种，特别是在灌溉条件差、地势低洼、土壤黏重、排水不良的地区或地块，露地栽培时尤其值得注意。

（2）合理控水。适时灌水、及时排水，经常疏松土壤，防止土壤板结，当葡萄进入果实膨大期后，应小水勤灌，保持土壤湿润，不让土壤发生干旱，避免土壤内水分变化幅度过大。

（3）控产疏果。对果粒紧密的品种适当调节果实着生密度，如花后摘心、适当疏果等，使树体保持稳定的适宜的坐果量。

（4）增施有机肥料。施入氮肥要适量，增施磷、钾肥，多施有机肥，黏重的土壤还应增加钙肥施用量。改良土壤结构，避免土壤水分失调。

（5）避雨。采用避雨栽培，全园覆盖地膜，再结合膜下滴灌和果实套袋，基本上可以控制果实裂果。

（6）生长后期尽量不用或延迟施用乙烯利催熟。改变传统的摘心法，适当多留叶片。

二、葡萄缩果病

（一）症状

缩果病最初的表现为透过果实表皮，在果肉内生成芝麻粒大的浅褐色斑点，然后逐渐扩大，严重时就如手指压过后，果实变黑（图4-2）。

图4-2　缩果病症状

缩果病容易与霜霉病混淆，但在缩果病的初期，以维管束为中心，平行形成木栓层，随着果粒的肥大，木栓化部分在果肉内形成空隙，表皮凹陷渐渐与霜霉病有了区别。染缩果病的果实在受害部位会出现浅褐色或暗红、暗灰色斑块，病部凹陷。揭开病部果皮，其局部果肉宛如压伤病状，果实成熟后，病块果肉硬度如初。

（二）发生原因

缩果病一般是在高温气候条件下发生，主要原因有水分不足、乙烯等激素不平衡、钙素等营养方面的缺乏等。

由于土壤持续过湿，根系活力、吸收能力下降，叶片气孔的开闭机能钝化，这时遇气温急剧升高，叶片蒸发的水分多于从根中吸收的水分，这时叶片就从果实中争夺水分，因而造成缩果病。

（三）预防措施

（1）科学供水。在高温干旱时期和果实膨大期保持土壤较高的含水量，避免土壤的过干，硬核期后注意控水。

（2）土壤深翻。改善土壤的透气性，提高根系活力，有利于保持地上部和地下部的水平衡。

（3）合理施肥。增施有机肥、菌肥等，改善土壤的物理性状，同时，控制氮肥的施入量，使土壤透水性、保水性、通气性都较好。

（4）加强枝梢管理。改变密植重修剪的传统做法，新梢过旺时，要及时摘心减少枝叶量。提高新梢的充实度，平衡地上、地下营养，均衡树势。

（5）对易发生缩果病的果园，在疏果穗时，要多预留10%～20%的果穗，直到最终定果后再疏除。

（6）药剂喷洒。在硬核期前30天、20天、10天共喷3次0.1%硼酸，可减轻缩果病的发生。

三、葡萄日灼病

（一）症状

葡萄日灼病表现为向阳面的果实受害，主要发生在果穗上。果粒发生日灼时，初期果实受害部位颜色泛黄，后出现淡褐色近圆形斑，边缘不明显，果实表面先皱缩后逐渐凹陷，严重的果实变为干果（图4-3），失去商品价值。卷须、新梢尚未木质化的顶端幼嫩部位也可遭受日灼伤害，致梢尖或嫩叶萎蔫变褐色。

（二）发生原因

日灼病多发生在6月中旬至7月上旬。葡萄幼果

图4-3　金手指葡萄日灼

在烈日下暴晒，致使果粒表面灼伤、失水形成褐色斑块；土壤湿度低、施肥不当，造成树体缺水，供应果实水分不足引起日灼；当根系吸水不足，叶片蒸发量大，渗透压升高，叶内含水量低于果实时，果实里的水分容易被叶片夺走，致果实水分失衡出现

障碍则发生日灼；当根系发生沤根或烧根时，也会加重日灼的发生。有时因修剪、打顶、绑蔓等移动位置或气温突然升高植株不能适应时，新梢或果实也可能发生日灼。

日灼的发生与品种有关，一般大粒品种易发生日灼。生产上易发生日灼的品种有美人指、金手指、红地球、红富士等，其次是巨峰、藤稔、高妻等品种。

（三）预防措施

（1）叶幕遮果。果穗附近适当多留些叶片，及时转动果穗于遮阴处，这是防止日灼最有效的方法，因为果实在叶幕下不直接受光，光照较弱、果温较低，就可以避免日灼。

（2）科学施肥。增施有机肥，合理搭配氮、磷、钾和微量元素肥料。生长季节结合喷药进行根外补钾、钙等元素。增强树势，提高树体抗逆能力。

（3）及时灌水。葡萄浆果期遇到高温干旱天气及时灌水，降低园内温度，减轻日灼病发生。灌水后及时中耕松土，保持土壤良好的透气性，增强根系活力和吸收能力。雨天及时排水。

（4）果实套袋。坐果稳定后尽早套袋，选择防水、白色、透气性好的葡萄专用纸袋，纸袋下部留通气孔。

四、葡萄气灼病

（一）症状

气灼病主要为害幼果期的绿色果粒，它和日灼病的最大区别在于日灼病果发病部位均在果穗的向阳面和日光直射的部位，如在果穗肩部和向阳部位；但气灼病的发生无特定的部位，几乎在果穗任何部位均可发病，甚至在棚架的遮阴面、果穗的阴面和果穗内部、下部果粒均可发病。气灼病最初表现为失水、凹陷、浅褐色小斑点，迅速扩大为大面积病斑（图4-4），整个过程在2小时内完成，严重时病斑形成干疤或果粒形成干果。

图4-4　褐色小斑相连成大斑

（二）发生原因

　　气灼病发病的外界诱因是高温，据观察当果园内气温急剧升至35℃时，尤其是晴天的中午极易形成气灼病。气灼病的发生也和土壤水分供给不良和地温突然升高，根系吸水受阻有直接关系，因此，气灼病属于高温引起水分供应不足，蒸腾受阻、果面局部温度过高而导致的生理病害。据观察，阴雨过后突然放晴的闷热天气，气灼病发生较为严重。

（三）预防措施

　　（1）做好夏季修剪工作，及时疏除过密新梢，避免果园郁闭，通风不良；在开花前完成枝梢的绑缚，果粒黄豆粒大小时完成疏果工作。

（2）多施有机肥，少施氮肥；加强根外追肥，多施钙肥、硼肥；配合淋施海精灵生物刺激剂（根施型），改良土壤结构，提高根系活性。

（3）高温季节要合理安排灌水，调节葡萄园区的湿度和温度。

（4）大棚栽培的葡萄，高温季节及时打开棚门，开天窗，改善大棚内的通风条件，避免棚内温度过高。

五、葡萄水罐子病

葡萄水罐子病也称转色病、水红粒。在产量过高、管理不良的情况下，水罐子病尤为严重。

（一）症状

葡萄水罐子病主要表现在果粒上，一般在果粒着色后才表现症状。发病后果穗先端果粒明显表现出着色不正常，色泽淡，果粒呈水泡状（图4-5），病果糖度降低、变酸，果肉变软，果肉与果皮极易分离，成为一包酸水，用手轻捏水滴成串溢出，故有水罐子之称。发病后果柄与果粒处易产生离层，极易脱落。

（二）发生原因

主要病因是营养不良和生理失调。一般在树势弱、摘心过重、负载量过多、肥料不足和有效叶面积小时该病容易发生；地势低洼、土壤黏重、地下水位高、排水不良，透气性差的果园发病重；成熟期遇雨，尤其是高温后突然遇雨，田间湿度大时，此病发生严重。

图4-5　果粒呈水泡状

（三）预防措施

（1）科学施肥。增施有机肥料，改善土壤结构，加强根外喷施磷、钾、钙肥，适时适量施用氮肥。

（2）合理载量。控制单株结果量，增加叶果比、保持健壮树势。

（3）做好枝梢管理。多留主梢叶片，主梢叶片是一次果所需养分的主要来源，若因病虫为害，叶片受损则常常导致水罐子病发生。因此，一般主梢要尽量多保留叶片，并适当多留副梢叶片，这对保证葡萄果穗生长的营养供给有决定性作用。另外，一个果枝上留2个果穗时，其下部果穗转色病发生比率较高，在这种情况下，采用适当疏穗，一枝留一穗的办法可有效减轻病害的发生。

（4）做好水土管理。旱季及时灌水，地势低洼、地下水位高的果园要及时排水，保持土壤适宜的湿度。

六、葡萄缺铁症

（一）症状

葡萄缺铁会影响叶绿素形成，从而引起黄叶病的发生。最初症状是幼叶的叶脉间叶肉先褪绿黄化，至白化，叶片边缘变褐枯死（图4-6）。严重缺铁时，整株叶片小、黄化、节间短，生长衰弱，落叶早，结果少或不结果。即使坐果，果粒发育不良（图4-7）。如果轻度缺铁，当年及时矫治可恢复正常，一般新梢叶片转绿较快，老叶片转绿较慢。

图4-6 缺铁叶片症状   图4-7 缺铁果实症状

（二）发生原因

铁是植物生产碳水化合物和多种酶的活性物质，缺铁时，叶绿素的形成受阻使叶片褪绿。在田间土壤中，铁以盐类化合物或氧化物等形式存在，这些化合物在一定条件下释放出铁的活性态，被根系吸收利用。但土壤黏重，碱性过大，或含碳酸钙过量，排水不良等，使活性铁被固定为不溶性铁，不易被根吸收，形成黄叶病。特别是在春季，植株新梢生长速度过快，铁素供应不及时导致黄叶病的发生。铁元素在植物体内移动性差，不能再利用，因此，缺铁症状容易在新梢和新展的叶片上发生。前一年叶片早落，根系发育不良或结果量过大，均加重黄叶病的发生。

（三）预防措施

（1）改良土壤。增施有机肥，使土壤环境有利于铁化合物释放有效铁，供给植物生长需要。华北地区偏碱性土壤，追肥应以酸性肥料为主，如硫酸铵、氯化铵、硝酸铵，酸化土壤，使土壤中的不溶性铁变为可溶性铁。

（2）增强树势。合理控制结果量，避免树体负担过重，增强树体抗性，促进根系发育。

（3）根外追肥。一旦发生黄叶病，可叶面喷洒铁肥矫治，用0.2%硫酸亚铁或硝基黄腐酸铁800倍液喷洒叶面。严重缺铁的果园或植株应连喷2~3次，间隔7~10天喷1次。

（4）灌根。根部用硫酸亚铁50倍液浇灌，也有较好的矫治效果。

七、葡萄缺硼症

（一）症状

葡萄缺硼症最早出现在幼嫩组织，新梢上的卷须变为黑色，节结肿大而后面死亡。新梢节间肿大，叶短而厚，顶端的幼叶出现黄色小斑点，随后连成一片，使叶脉间组织变黄色，最后褐变枯顶（图4-8）。花前缺硼，表现花药和花丝萎缩，花粉粒发育不能顺利进行，花芽分化不良，花序小、花蕾数少；花期缺硼，授粉受精不正常，引起落花、坐果差；果实膨大期缺硼，果面凹陷成缩果病，果肉褐色。

图4-8　葡萄缺硼症状

（二）发生原因

一般土壤pH值达到7.5～8.5以上的容易发生缺硼症；土壤贫瘠的山地果园、河滩沙地，有机质含量低，硼易淋失；早春干旱，易发生缺硼症；石灰质较多时，土壤中硼易被固定；过多施入氮、钾，影响植株对硼的吸收利用，也会造成缺硼症的发生。

（三）预防措施

（1）改良土壤。增施有机肥和含硼的多元复合肥，改善土壤结构，增强根系活力，有利于根系对硼元素吸收。

（2）施硼肥。我国南方葡萄产区的土壤普遍缺硼，要全面施用硼肥，可在早春结合施催芽肥，每亩加入硼砂2～3kg，开浅沟施入。

（3）根外追肥。葡萄花蕾期和初花期叶面喷施0.2%～0.3%硼砂（硼酸），有利于提高坐果率；缺硼严重的，坐果后再喷1次。叶面喷施最好选用高效速溶硼肥。

八、葡萄缺锌症

（一）症状

葡萄缺锌时植株生长异常，枝、叶、果生长停止或萎缩；枝条下部出现花白叶（图4-9）；新梢顶部叶片狭小或枝条纤细，节间短，失绿，并在果穗上形成大量的无籽小果粒和小青粒（图4-10）。

图4-9　葡萄缺锌造成的花白叶　　图4-10　葡萄缺锌造成的大小粒

（二）发生原因

葡萄对土壤缺锌十分敏感，锌对果实发育和色素形成有重要的促进作用。锌在自然界存在于各种土壤中，但沙土含量较低，容易导致缺锌；去掉表土的土壤也常常表现缺锌症状；另外，大多数土壤能固定锌元素，使葡萄植株难于从土壤中吸收锌而表现为缺锌症。

（三）预防措施

（1）改良土壤。沙质土壤含锌盐少，而且容易流失，而碱性土壤锌盐容易转化成不可利用的状态，因此，对这类土壤要增施有机肥，改善土壤结构，增加土壤肥力，营造有利于锌元素吸收的土壤环境。

（2）根外追肥。葡萄开花前或开花以后每半个月左右叶面喷施1次0.1%～0.3%硫酸锌，共喷2～3次，或喷硼钼锌钙1 000倍液2～3次，能有效补充锌，促进浆果正常生长、提高葡萄产量和含糖量。

九、葡萄缺钾症

（一）症状

缺钾时植株抗病力、抗寒力明显降低，同时，光合作用受到影响；果实小，着色不良，成熟前容易落果，降低产量和品质。缺钾时枝条中部的叶片表现为扭曲，叶边缘失绿变干，并逐渐由边缘向中间枯焦，叶子变脆容易脱落。在夏末，枝梢基部的老叶常变为紫褐色至暗褐色（图4-11），尤其是在果穗附近更明显。严重缺钾的葡萄植株，果穗少而小，穗粒紧，色泽不均匀，果粒小（图4-12）。

图4-11　紫褐色叶片　　　　图4-12　缺钾果实症状

（二）发生原因

细沙土、酸性土及有机质少的土壤易缺钾。另外，葡萄在果实膨大期需要大量的钾元素供应，而土壤中的钾元素不能集中供应，易造成缺钾。在干旱年份，缺钾症状更加普遍。

但施钾过量会阻碍葡萄植株对镁、锰和锌的吸收而出现缺镁、缺锰或缺锌症状。

（三）预防措施

（1）改良土壤。增施有机肥，改善土壤结构，以提高土壤肥力和含钾量，有利于根系对钾元素的吸收。

（2）增施钾肥。果实转色初期开始土壤增施钾肥，亩施硫酸钾15～20kg，采用浅沟施或对水浇施。或亩施草木灰30～50kg，也有良好的补钾效果。

（3）根外追肥。6月中旬开始结合病虫害防治喷施0.3%磷酸二氢钾，或3%草木灰浸出液，每隔10～15天喷1次，直到8月下旬，共喷5～6次。

十、葡萄缺镁症

（一）症状

缺镁症主要在叶片上表现明显症状，通常从基部叶片发生，逐渐向上部叶片转移。初期，在叶缘及叶脉间产生褪绿黄斑，该黄斑沿叶肉组织逐渐向叶柄方向延伸，且褪绿程度逐渐加重，呈黄绿色至黄白色，形成绿色叶脉与黄色叶肉带相间的"虎叶"状（图4-13）。严重时，叶脉间黄化条纹逐渐变褐枯死（图4-14）。病叶一般不早落。缺镁对果粒大小和产量影响不明显，但因影响了叶片光合作用，会造成果实着色差、成熟晚、糖分低、品质下降。

图4-13　发病初期脉间叶肉变黄绿色

图4-14　发病后期叶脉黄色部分
　　　　开始向内枯萎

（二）发生原因

镁在植株体内可以流动，当镁不足时，可从老组织流入幼嫩组织。所以，症状首先从植株的基部老叶片先表现出来。在一张叶片上，首先从叶边缘和叶脉间的叶肉部分表现出来。

缺镁是由于土壤中镁元素不足或土壤有机肥不足、酸性土壤或钾肥过多等原因造成镁元素不能被吸收。浙江省的土壤普遍存在缺镁现象，所以，葡萄缺镁症比较普遍。

（三）预防措施

（1）改良土壤。增施有机肥，改善土壤结构；改酸性土壤为中性土壤，提高土壤的"保镁"能力，促进植株对镁的吸收。

（2）合理施肥。对缺镁严重的土壤要注意配方施肥，合理选择氮、磷、钾的比例，适当减少钾肥的用量。

（3）增施镁肥。在春季萌芽前15～20天施用催芽肥施时，视缺镁情况每亩加入硫酸镁5～15kg，开浅沟施。

（4）根外追肥。发病初期，在叶面上喷施0.3%～0.4%硫酸镁溶液，15～20天喷1次，连喷3～4次，可明显减轻缺镁症的发生。

第五章
葡萄虫害防治

一、葡萄斑蛾

葡萄斑蛾又称葡萄叶斑蛾、葡萄星毛虫、葡萄透黑羽。分布于安徽省、湖南省、河北省、山西省、四川省以及东北等地。以幼虫取食芽、叶片，被害叶片成缺刻和孔洞。偶尔为害花和果实，使被害果穗干枯脱落。

（一）形态特征

成虫：成虫（图5-1）体长8～11mm，翅展26～30mm，体黑色有光泽，体上混生有紫绿和蓝绿色鳞片和毛。复眼黑色。翅黑色半透明，前翅稍有蓝色闪光，翅缘和翅脉均黑色。触角、胸背及前翅略有蓝色闪光。

卵：卵椭圆形，长0.7mm，初乳白色，渐变淡黄色，孵化前色暗，常产于叶背。

幼虫：幼虫体长15～20mm，体肥胖，略扁平，淡黄白色至黄褐色。头小，口器褐色，单眼黑色。蛹长10mm，肥大，淡黄色。外有白色丝茧包围，茧长15mm，暗褐色，椭圆形，底面平滑。

蛹：蛹长10mm，肥大，淡黄色。外有白色丝茧包围，茧长15mm，暗褐色，椭圆形，底面平滑。

图5-1　葡萄斑蛾

（二）发生规律

每年发生2代，以2龄幼虫在根际附近地表植被下及土缝中结茧越冬。翌年葡萄发芽后，越冬幼虫出蛰，迁移到嫩芽上危害，展叶后继续为害叶和花序。4—5月中旬化蛹。成虫5—6月发生，白天活动，多在茧附近交尾产卵，卵散产于叶背和枝蔓的表面及皮缝中，常有数粒不规则地产在一起，每头雌虫最多产卵200粒左右。6月中旬第一代幼虫孵化，幼虫先蛀食芽，再为害叶片，7月中旬化蛹后，羽化成第一代成虫。8月为第二代幼虫发生期，此时幼虫主要为害叶片，也为害穗轴和叶柄。9月后发育至2龄，先后爬到根际附近地表落叶、杂草等植被下及土缝中结茧越冬。

（三）防治方法

（1）冬季清园。剥除枝蔓上的翘皮，集中销毁，以消灭越冬幼虫。

（2）挖除越冬幼虫和蛹。在成虫羽化前清理园内枯枝落叶、杂草等地被物，集中处理消灭其中的越冬幼虫和蛹。或深翻树盘，将表层土翻入深层，使羽化的成虫不能出土。

（3）药剂防治。幼虫为害期，喷触杀剂，如2.5%高效氯氟氰菊酯微乳剂2 000～3 000倍液或20%氰戊菊酯乳油3 000～5 000倍液或30%敌百虫600～800倍液。

二、葡萄天蛾

葡萄天蛾又称车天蛾。在我国北方、南方各葡萄产区均有为害。以幼虫取食叶片，因食量大，生活期长，故为害重，幼虫常将叶片食成缺刻，甚至将叶片吃光，仅留叶柄。一头幼虫可取食数片叶子，多零星发生。

（一）形态特征

成虫：成虫（图5-2）体长45mm，翅展85～100mm。体、翅茶褐色。体背前胸到腹部有一条白色直线。翅外缘毛稍红。

卵：卵球形，直径1.5mm左右，淡绿色。孵化前淡黄色。

幼虫：幼虫（图5-3）初孵幼虫头部有角状突起抱持枝蔓和叶柄头胸收缩稍抬起。胸部背浅绿色，两侧有呈"八"字形黄色斜纹。幼虫在夏季是绿色型，秋季是黄褐色型。

蛹：蛹长45～55mm，长纺锤形，初为绿色，逐渐背面呈棕红色，腹面暗绿色。

（二）发生规律

每年发生1～2代。以蛹在落叶下或表土内越冬。翌年5月底或6月上旬羽化为成虫，6月中、下旬为盛期，7月上旬为末期。成虫白天潜伏，夜间活动，有趋光性，多在傍晚交配，交配后24~36小时产卵，多散产于嫩梢或叶背，单粒散产，每雌产卵300~400粒，卵期6~8天。幼虫白天静止，夜晚取食叶片，受触动时从口器中吐出绿水，幼虫期40~50天，7月下旬陆续老熟入土化蛹，蛹期10天。8月上旬开始羽化，8月中、下旬为盛期，9月上旬为末期。8月中旬田间见第二代幼虫，9月下旬幼虫老熟入土化蛹越冬。

图5-2　葡萄天蛾成虫　　　　图5-3　葡萄天蛾幼虫（夏季）

（三）防治方法

（1）挖除越冬蛹。结合葡萄冬季埋土和春季出土挖除越冬蛹。

（2）捕捉幼虫。结合夏季修剪等管理工作，寻找被害状的枝条和地面虫粪捕捉幼虫。诱杀成虫，在成虫发生期用黑光灯诱杀。

（3）药剂防治。幼虫发生期结合防治其他害虫，喷洒2.5%溴氰菊酯悬浮剂1 500~1 200倍液、或2.5%高效氯氟氰菊酯微乳剂2 000~3 000倍液、或20%氰戊菊酯乳油3 000~5 000倍液等。

（4）生物防治。在成虫产卵期释放赤眼蜂，蜂羽化后寻找害虫卵寄生。此方法可用来防治多种鳞翅目害虫。

三、葡萄透翅蛾

葡萄透翅蛾又称透羽蛾。属于鳞翅目，透翅蛾科。在全国葡萄各产区均有发生，是为害葡萄比较严重的重要害虫，主要为害葡萄枝蔓。幼虫蛀食新梢和老蔓，一般多从叶柄基部蛀入，被害处逐渐膨大，蛀入孔有褐色虫粪，是该虫为害标志。幼虫蛀入枝蔓内后，向嫩蔓方向取食，严重时，被害植物株上部枝叶枯死。

（一）形态特征

成虫：成虫（图5-4）体长18～20mm，翅展为30～36mm，体蓝黑色，头的前部及颈部黄色，前翅脉为红褐色，前缘、外缘及翅脉为黑色，翅脉间膜质透明，后翅膜质半透明，腹部第四节、第五节及第六节中部有一明显的黄色横带，以第四节横带最宽。成虫静止时，外形似马蜂。

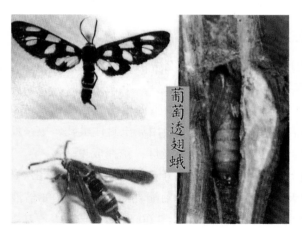

图5-4 葡萄透翅蛾

卵：卵椭圆形，略偏平，红褐色。

幼虫：幼虫体长25～38mm，体略呈圆筒形，头部红褐色，胸腹部黄白色，老熟时带紫红色，前胸背板有倒八字形纹。

蛹：蛹红褐色，圆筒形。腹部第2~6节背面各有2列横刺，第7~8节各有1列横刺。

（二）发生规律

一年发生1代，以老熟幼虫在葡萄枝蔓内越冬。在浙江省产地4月底5月初，越冬幼虫开始化蛹。5月中旬成虫羽化，成虫有趋光性，多在夜间羽化。成虫羽化不久便交尾，次日产卵。卵单粒产在新梢的叶腋、叶柄和嫩梢上。5月下旬为幼虫孵化高峰期，幼虫从叶柄基部或果穗梗基部蛀入当年生的枝蔓内为害；7月中旬至9月下旬，幼虫蛀入2年生以上的老蔓中为害。10月份以后幼虫进入老熟阶段，继续向植株老蔓和主干集中，在其中短距离地往返蛀食髓部及木质部内层。使孔道加宽，并刺激为害处膨大成瘤，形成越冬室，之后老熟幼虫便进入越冬阶段。

（三）防治方法

（1）人工捕杀。从6月上中旬起经常观察叶柄、叶腋处有无黄色细末物排出，新梢有无枯萎，如有发现应及时摘除受害梢，并用钢丝勾杀幼虫，也可用脱脂棉稍蘸烟头浸出液或80%杀螟松乳油100倍液塞入虫孔中，然后用泥土封住虫孔，熏杀幼虫。

（2）物理防治。悬挂黑光灯，诱捕成虫。

（3）药剂防治。在葡萄开花前及谢花后喷2~3次药，每次间隔8~10天，可使用20%氰戊菊酯乳油3 000~5 000倍液、或2.5%高效氯氟氰菊酯微乳剂2 000~3 000倍液、或25%乙基多杀菌素水分散粒剂3 000倍液等防治。

（4）生物防治。将新羽化的雌成虫一头，放入用窗纱制的小笼内，中间穿一根小棍，搁在盛水的面盆口上，面盆放在葡萄旁，每晚可诱到不少雄成虫。诱到一头等于诱到一双，收效很好。

四、葡萄虎蛾

葡萄虎蛾又称葡萄虎斑蛾、葡萄黏虫、葡萄修虎蛾、老虎虫等。分布在东北及河北、山东、山西、河南、陕西等省地。葡萄虎蛾只为害葡萄。幼虫有群集为害习性，取食叶呈缺刻或孔洞，严重时可将叶片吃光仅留叶脉或叶柄，有时将果穗或小穗轴咬断。

（一）形态特征

成虫：成虫（图5-5）体长18～20mm，翅展45mm左右。头、胸部紫褐色，腹部、足杏黄色，腹背面中央具一纵紫棕色毛簇达第7腹节后缘。前翅中央有紫色肾形纹和环状纹各1个，并围有灰黑色边，外缘和后缘大部分紫棕色，距外缘1/3和翅基1/3处各有一灰色横纹。后翅橙黄色，外缘具一紫褐色宽带，臀角有1橙黄色大斑，中室有一黑点，外缘有橘黄色细线。

幼虫：老熟幼虫（图5-6）体粗大，头部橘黄色，密布黑点，胴体灰白色，前端胸节较细、后部粗，前胸盾和臀板橘黄色，胸部各节散布黑色毛瘤数十个而且大小不等，大瘤上着生白色毛，腹部每节两侧各有较大杏色圆斑1块，尾部第二节有黄色横带。

蛹：蛹长16～20mm，暗红褐色，尾端齐，左右有突起。

（二）发生规律

在华北每年发生2代，以蛹在葡萄根部附近或葡萄架下的土内越冬，翌年5月中旬羽化为成虫。成虫白天隐蔽在叶边、叶背或杂草丛内，在傍晚和夜间交尾、产卵，卵散产在叶片和叶柄等处。幼虫6月中、下旬孵化，取食嫩叶，常群集食叶。7月中旬陆续老熟入土化蛹。7月中旬至8月中旬出现当年第一代成虫。8月中旬至9月中旬为第二代幼虫为害期，10月幼虫老熟后入土化蛹越冬。幼虫受惊时头翘起并吐黄色液体以自卫。

图5-5　葡萄虎蛾成虫

图5-6　葡萄虎蛾幼虫

（三）防治方法

（1）消灭越冬。结合葡萄下架防寒或春季出土时将越冬蛹消灭。

（2）灯光诱杀。利用其趋光性用黑光灯诱杀成虫。

（3）人工捕杀。结合夏剪，利用成虫静伏叶背的习性，进行人工捕杀。

（4）药剂防治。幼虫大量发生时，可喷布30%敌百虫乳油600～800倍液或5%氯虫苯甲酰胺悬浮剂1 500～2 000倍液以及20%氰戊菊酯乳油3 000～5 000倍液、或2.5%高效氯氟氰菊酯微乳剂2 000～3 000倍液等高效低毒的菊酯类农药。

五、葡萄白粉虱

葡萄白粉虱又名温室粉虱、小白蛾子，属同翅目，粉虱科。在全国葡萄各产区均有发生，山东省发生较重。尤其是近些年发展起来的庭院葡萄和设施栽培葡萄该虫趋于严重。主要为害叶片，一叶上群集数头若虫，有时若虫布满叶片（图5-8），被害处发生褪绿、变黄。此外，其分泌大量的蜜液，严重污染叶片和果实，易生真菌，并使叶片早期脱落。

（一）形态特征

成虫：成虫（图5-7）体长1～1.5mm，翅和身体上披有白粉，翅不透明。3龄若虫体长0.5mm，淡绿色或淡黄色，足及触角退化，身上长蜡丝树根，4龄若虫体长0.7～0.8mm，体背有长短不齐的蜡丝，体侧有刺。

卵：卵长约0.2mm，有卵柄，初为淡绿色，覆有蜡粉，孵化前多为褐色。

蛹：蛹壳漆黑，正椭圆形，体面有不规则隆起纹。

图5-7　葡萄白粉虱

图5-8　葡萄白粉虱布满叶片

（二）发生规律

在温室内1年发生10余代，以蛹在被害处（叶、枝）越冬。5—6月为成虫羽化期，成虫飞翔能力较强，主要以此扩散为害。成虫羽化后即交尾产卵，每头雌虫产卵约140粒。也可进行孤雌生殖，其后代为雄性。若虫喜欢在幼芽、嫩叶上为害，若虫刚孵化后可短距离爬行转移，以后则固定在叶上取食为害，直到化蛹。

（三）防治方法

（1）人工防治。在若虫发生初期多集中叶片上，庭院和温室内的葡萄发生较重，采用人工采摘虫叶，集中销毁，可消灭大量若虫。

（2）喷药防治。在成虫或若虫发生期，全树喷25%噻嗪酮可湿性粉剂1 000～1 500倍液、或21%噻虫嗪悬浮剂4 000～5 000倍液、或20%甲氰菊酯乳油2 500～3 000倍液、或26%氯氟·啶虫脒水分散粒剂3 000～4 000倍液等。

（3）诱杀成虫。利用成虫对黄色有较强趋性的特点，用黄板涂黏胶诱杀。

（4）生物防治。在温室内可释放天敌，如丽蚜小蜂也很有效。

六、绿盲蝽

绿盲蝽又名小臭虫、切叶疯等，属半翅目，盲蝽科。主要为害葡萄叶片，分布较广。以成虫和若虫刺吸嫩叶、嫩芽等幼嫩组织。幼叶受害后，最初形成针头大小的红褐色斑点，之后随叶片的生长，以小点为中心形成不规则大小不等的孔洞（图5-9）。严重时叶片上聚集许多刺伤孔，致使叶片皱缩、畸形甚至呈撕裂状，生长受阻。幼果受到绿盲蝽成虫或若虫的为害会点状发黑，随着幼果增大，果面会在伤口处形成小黑斑（图5-10），严重影响果品。

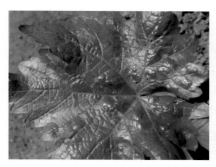

图5-9 不规则孔洞　　　　　　图5-10 果实为害状

（一）形态特征

成虫：成虫（图5-11）体长约6mm，枯黄色至黄绿色，头部略呈三角形，头顶后缘隆起，复眼突出黑色，触角丝状，4节，第二节最长。前胸深绿色，前翅半透明，灰色。

若虫：若虫分5龄，均为绿色。在葡萄上多以若虫为害。

卵：卵长1.1mm，长卵形，淡黄绿色，卵盖周缘无覆盖物，中间微突出。

图5-11 绿盲蝽

（二）发生规律

北方每年发生3～5代，以成虫在杂草、枯枝叶和树皮缝及土石块下越冬。翌年春季寄主发芽后出蛰活动。经一段时间取食开始交尾产卵，卵多产于嫩茎、叶柄、叶脉及芽内。卵期10天。5月上旬、6月上旬、7月中旬、8月中旬和9月各发生1代。成虫寿命较长，产卵期30天左右。各代发生期不整齐，世代重叠。成虫和若虫常在幼芽、花蕾、幼叶上刺吸为害，嫩叶被害生长受阻，常形成许多孔洞，叶片扭曲变形，有褶皱。某些卵寄生蜂、捕食性蜘蛛、猎蝽、花蝽和草蛉等是绿盲蝽的天敌。

（三）防治方法

（1）做好清园。冬季和早春刮除翘皮，清除杂草、枯枝落叶等，并集中处理可消灭部分越冬成虫。

（2）药剂防治。葡萄萌芽期喷2.5%溴氰菊酯悬浮剂1 500～2 000倍液、或2.5%高效氯氟氰菊酯微乳剂2 000～3 000倍液、或22%氟啶虫胺腈悬浮剂5 000～6 000倍液等，需特别重视新栽葡萄园的早期防治。可于2～3叶期喷26%氯氟·啶虫脒水分散粒剂3 000～4 000倍液，最好在傍晚喷施，注意果园周围的杂草也要喷到，减少虫源。

（3）合理间作。避免将葡萄与棉花、蔬菜间作，加强葡萄树周围农作物的病虫防治，从而减轻葡萄被害。

七、斑衣蜡蝉

斑衣蜡蝉又叫葡萄羽衣、"红姑娘"。以若虫、成虫刺吸葡萄枝蔓、叶片的汁液。叶片被害后，形成淡黄色斑点，严重时造成叶片穿孔、破裂。为害枝蔓，使枝条变黑，其排泄物落于枝叶和果实上后，易引起真菌寄生、变黑，影响外观，降低果品质量和经济价值。

（一）形态特征

成虫：成虫（图5-12）体长15～22mm，翅展40～56mm，雄虫略小，虫体灰黑色，上面附有较厚的白色蜡粉层。前翅革质，基部2/3呈淡灰黄色，表面有黑色斑点20多个，端部1/3淡黑色，脉纹网状灰黄色；后翅膜质，基半部红色，上面散生黑点，中部白色，翅端黑蓝色。

卵：卵呈圆柱形，长3mm，宽2mm，卵粒平行排列整齐，每块有40～50粒，卵块上有灰色土状的蜡质分泌物。

若虫：若虫头部呈突角状，1～3龄体黑色，上面有许多白色斑点，末龄体呈红色（图5-13），体表有黑色和白色斑点，翅芽大而明露。后足发达。

图5-12 葡萄斑衣蜡蝉成虫

图5-13 葡萄斑衣蜡蝉若虫

（二）发生规律

每年发生1代，以卵块在寄主树干及枝蔓分叉的隐蔽处越冬。翌年4—5月旬孵化为若虫，6月中旬至7月下旬羽化为成虫。以若虫和成虫刺吸葡萄枝蔓和叶的汁液，被害后，不仅影响枝条当年的成熟，且影响翌年生长发育和产量。成虫8月下旬后交尾产卵，即以此卵块越冬。若虫和成虫都有群集习性，弹跳能力很强，受惊扰后成虫借弹跳力而飞逃转移。

（三）防治方法

（1）葡萄园内及周围不栽种臭椿、苦楝等，建园时减量远离这类杂木林，以减少虫源。

（2）冬季结合修剪和果园管理，刮除或碾碎枝蔓和架材上的越冬卵块，消灭越冬卵，以减少翌年虫口密度。

（3）药剂防治。4—5月若虫孵后进行药剂防治，最好在1龄若虫聚集于嫩梢上尚未分散时进行集中喷药防治，药剂可选用2.5%溴氰菊酯悬浮剂1 500～2 000倍液、1.8%阿维菌素乳油2 000～4 000倍液、或5%氯虫苯甲酰胺悬浮剂1 500～2 000倍液、或22%氟啶虫胺腈悬浮剂5 000～6 000倍等。

八、白星花金龟子

白星花金龟子又名朝鲜白星金龟子、铜色白斑金龟甲，俗名瞎撞子。白星花金龟子主要为害果实，成虫喜欢在果实伤口、裂果和病虫果上取食，常数头聚集在果实上，将果实啃食成空洞，引起落果和果实腐烂。幼虫称为蛴螬，生活于土中，危害地下部，是主要的地下害虫之一。

（一）形态特征

成虫：成虫（图5-14）体长16～24mm，虫体黑铜色，有绿色或紫色闪光，体背面较扁平，前胸背板及翅鞘上有由细毛组成的不规则白斑。

卵：卵椭圆形，乳白色，长1.7～2.0mm，同一雌虫所产卵，大小亦不尽相同。

幼虫：幼虫（图5-15）体长24～39mm。头部褐色，较小。胴部乳白色，粗胖。体向腹部弯曲成"C"形，胸足小，无爬行能力。

蛹：蛹体长约22mm，初黄白色，渐变为黄褐色。

图5-14　白星花金龟子成虫　　　　图5-15　白星花金龟子幼虫

（二）发生规律

一年发生1代，以幼虫在土中越冬。成虫在5月上旬出现，6—8月发生数量较多，9月数量很少。成虫白天活动，常群集在有伤口的果实上吃果肉及果汁，常将果实咬成一个很大的窟窿。成虫具有假死性，受惊动，立即掉落地上或迅速飞走。日间飞翔，活动能力强，成虫寿命较长。交尾后产卵于腐草堆或腐殖质多的土中，每处产卵多粒，幼虫群居在土中生活，危害植物的根部。

（三）防治方法

（1）人工捕杀。利用成虫的假死性，于清晨或傍晚低温时振树，捕杀成虫。

（2）糖蜜诱杀。用广口瓶、酒瓶等容器内盛腐熟的果实，加少许糖蜜，悬挂于树上，诱集成虫，收集后将其杀死。

（3）杀灭幼虫和蛹。结合秸秆沤肥翻粪和清除鸡粪时，捡拾幼虫和蛹杀死。

（4）药剂防治。在成虫发生期，全园雾喷2.5%高效氯氟氰菊酯水乳剂1 000～1 500倍液、或40%辛硫磷乳油1 000～2 000倍液、或30%敌百虫乳油600～800倍液、或5%氯虫苯甲酰胺悬浮剂1 500～2 000倍液等。

（5）土壤撒药。必要时进行土壤药剂处理，可使用10.5%阿维·噻唑膦颗粒剂，每亩撒施1 500～2 500g，可杀灭入土的成虫和幼虫。

九、四纹丽金龟子

四纹丽金龟又称中华弧丽金龟、豆金龟子、四斑丽金龟。主要危害葡萄、苹果、梨、山楂、桃、李、杏、樱桃、柿、栗等果树。以成虫食叶成不规则缺刻或孔洞，严重的仅残留叶脉（图5-16），有时食害花或果实；幼虫为害地下组织。

（一）形态特征

成虫：成虫（图5-17）体长7～12mm，体宽6～7mm，上下略扁平，椭圆形，体色为深铜绿色，有金属光泽。鞘翅浅褐至草黄色，头足小盾片绿色，足黑褐色。翅鞘上有纵向隆脊，臀板基部具白色毛斑2个，腹部末端较尖，第1～5节腹板两侧各具白色毛斑1个，由密细毛组成，头小。前胸背板具强闪光且明显隆突，中间有光滑的窄纵凹线。鞘翅宽短略扁平，后方窄缩，肩突发达。

卵：卵椭圆形至球形，初产乳白色。

幼虫：幼虫体长15mm，头赤褐色，体乳白色。头部前顶刚毛每侧5～6根呈一纵列。后顶刚毛每侧6根，其中，5根呈一斜列，正中央刚毛排成"八"形。

蛹：蛹长9～13mm，唇基长方形，雌雄触角靴状。

图5-16　四纹丽金龟为害叶片状

图5-17　四纹丽金龟成虫

（二）发生规律

一年发生1代，以3龄幼虫在30～80cm的土层内越冬。翌年4月上移至表层土为害，6月老熟幼虫开始化蛹，蛹期8～20天。成虫于6月中、下旬至8月中、下旬羽化，7月是为害盛期。6月底开始产卵，7月中旬至8月上旬为产卵盛期，卵期8～18天。幼虫为害至秋末达3龄时，钻入深层土越冬。成虫白天活动，飞行能力强，具假死性。晚间潜入土中，无趋光性。成虫群集危害一段时间后交尾产卵，卵散产在2～5cm土层，每雌可产卵20～65粒，分多次产下。成虫寿命18～30天，多为25天。成虫活动适温为20～25℃，高于29℃，成虫多静伏不动。

（三）防治方法

（1）人工捕杀。利用其假死性，于清晨或傍晚低温时振树，捕杀成虫。

（2）糖蜜诱杀。用广口瓶等容器内盛腐熟的果实，加少许糖蜜，悬挂于树上，诱杀成虫。

（3）药剂防治。在成虫发生期，全园雾喷2.5%高效氯氟氰菊酯水乳剂1 000～1 500倍液、或40%辛硫磷乳油1 000～2 000倍液、或30%敌百虫乳油600～800倍液等。

（4）土壤撒药。结合防治其他金龟子幼虫及其他地下害虫，用45%辛硫磷微胶囊或10.5%阿维·噻唑膦颗粒剂处理土壤，每亩2kg撒施于地面，翻耕入土。

十一、葡萄瘿螨

葡萄瘿螨又名葡萄锈壁虱、葡萄潜叶壁虱，属蜱螨目，瘿螨科，是葡萄的主要害螨。在我国大部分葡萄产区都有分布。以成螨及幼螨危害葡萄叶片。发生严重时，也为害嫩梢、嫩果、卷须、花梗等，被害植株叶片萎缩（图5-18、图5-19），枝蔓生长衰弱，产量和品质下降。

图5-18　叶片正面为害状　　　　　图5-19　叶片背面为害状

（一）形态特征

成虫：成螨呈圆锥形，白色或黄白色，体表有70多个环纹。体长0.1～0.3mm，雄虫略小。近头部有2对足，腹部细长，尾部两侧各生有1根细长的刚毛。

卵：卵椭圆形，淡黄色，长约0.03mm。

（二）发生规律

以雌成螨在葡萄枝蔓的芽鳞片内或被害的叶内越冬。翌年春季随着芽的萌动，瘿螨从芽内爬出，随即钻入叶背茸毛间吸食汁液。受害初期叶的背面发生苍白色斑点，幼叶被害部呈茶褐色。因被害部组织受刺激，表面隆起，叶背密生毛毡状绒毛，初为白色，逐渐变为茶褐色，故又名"毛毡病"。发生严重时，病叶皱缩，变硬，表面凹凸不平，枝条不能正常生长。全年以6—7月为害最重。秋后成螨陆续潜入芽内越冬。

（三）防治方法

（1）清除虫源。在葡萄生长期及时摘除被害叶片；秋后彻底清除落叶，集中销毁；清园后全园喷洒3～5波美度石硫合剂，杀灭越冬成虫。

（2）药剂防治。葡萄生长季节在幼果期及虫卵孵化盛期喷药防治，常用药剂有：5%噻螨酮可湿性粉剂1 500～2 000倍液、43%联苯肼酯悬浮剂1 800～2 500倍液、22.4%螺虫乙酯悬浮剂4 000～5 000倍液、22%阿维·螺螨酯悬浮剂5 000～6 000倍液等。

（3）苗木检疫。从外地购苗要做好苗木检疫工作，防止瘿螨随苗木传播。定植前最好用温汤消毒。具体做法是把苗木或插条先放入30～40℃热水中，浸泡3～5分钟，然后移入50℃热水中，再浸泡5~7分钟，可杀死潜伏的瘿螨。

十二、葡萄虎天牛

葡萄虎天牛又名葡萄枝干牛，属鞘翅目，天牛科。虎天牛以为害1年生结果母枝为主，有时也为害多年生枝蔓。幼虫从芽眼蛀入茎内，先在皮下为害，被害部稍隆起，表皮变黑。之后蛀入新梢木质部内纵向为害，虫粪排于蛀道内，表皮外看不到堆粪情况，这是与葡萄透翅蛾的主要区别。枝梢被害处易折断。

（一）形态特征

成虫：成虫（图5-20）体长15~28mm，黑色，胸部暗红色。鞘翅有X形黄白色斑纹，近末端有一黄白色横纹。腹面有3条黄白色横纹。有光泽。前胸两侧各有1刺突，背面有瘤状突起。

图5-20　葡萄虎天牛成虫

卵：卵长约1mm，一端稍尖，乳白色。

幼虫：幼虫体长17~25mm，淡黄白色。头小，黄褐色，但紧接头部的前胸宽大。淡褐色，后缘有"山"字形细纹沟。无足。

蛹：蛹长12～15mm，为裸蛹，黄白色，复眼淡红色。

（二）发生规律

每年发生1代，以幼虫在葡萄枝蔓内越冬。翌年4—5月开始活动，继续在枝内蛀食，有时也会横向蛀食，造成枝条折断。6—7月老熟幼虫在枝蔓内化蛹，7—8月羽化为成虫。成虫将卵产于新梢基部芽腋间或芽的附近，约5天后孵化出幼虫。

（三）防治方法

（1）剪除虫枝。冬季修剪时，将为害变黑的枝蔓剪除烧毁，以消灭越冬幼虫。

（2）人工捕杀。生长期，查找枯萎的新梢，在折断处附近杀灭幼虫；成虫发生期，注意捕杀成虫。

（3）药剂防治。在产卵期和成虫盛发期喷药防治，常用药剂有：20%阿维·杀螟松乳油1 000～1 500倍液、30%敌百虫乳油600～800倍液、2.5%溴氰菊酯悬浮剂1 500～2 000倍液、40%氯虫·噻虫嗪水分散粒剂4 000～5 000倍液等。或用棉花蘸80%敌敌畏乳油300倍液堵塞虫孔。

十三、葡萄根瘤蚜

葡萄根瘤蚜属于同翅目，瘤蚜科，是葡萄上一种毁灭性害虫，也是国际和国内重要检疫对象之一。

葡萄根瘤蚜对美洲品种为害严重，即能为害根部又能为害叶片，对欧亚品种和欧美杂种，主要为害根部。根部受害，须根端部膨大，出现小米粒大小、加呈菱形的瘤状结，在主上形成较大的瘤状突起。叶上受害，叶背形成许多粒状虫瘿（图5-21）。雨季根瘤常发生腐烂，使皮层裂开脱落，维管束遭到破坏，从而影响根对养分、水分的吸收和运送。同时，受害根部容易受病菌感染，导致根部腐烂，使树势衰弱，叶片变小变黄，甚至落叶而影响产量，严重时全株死亡。

图5-21　葡萄根瘤蚜及其为害状

（一）形态特征

由于生活习性和环境条件不同，葡萄根瘤蚜的形态有很大的变化。

（1）根瘤型。成虫体长1.2～1.5mm，长卵形，呈黄色至黄褐色，有时稍带绿色；触角及足黑褐色，背部具有黑色瘤状突起；触角3节。卵长约0.3mm长椭圆形，初为淡黄色，后渐变为暗黄色。若虫初孵时为淡黄色，触角及足为半透明状，以后体色略深，足呈黄色。

（2）叶瘿型。成虫体长约1mm，近圆形，黄色；背部无瘤状突起；触角3节。卵较根瘤型色浅而明亮，卵壳较薄。若虫与根瘤型若虫相似，但体色较浅。

（3）有翅型。成虫体长0.8～0.9mm，体黄色；翅灰白色、透明，翅上有半圆形小点；触角3节。卵与根瘤型卵相似。若虫1～2龄同根瘤型，而3龄时可见有黑褐色的翅芽。

（4）有性型。雌成虫体长约0.38mm，雌成虫体长约0.32mm，黄褐色，无翅。卵长约0.27mm，椭圆形，深绿色。

（二）发生规律

我国山东、辽宁等省地发生的葡萄根瘤蚜主要是根瘤型，一年发生8代。主要以低龄若虫和少量卵在2年生以上粗根分叉或根上缝隙处越冬。翌春4月越冬若虫开始活动，刺吸细根汁液，经4次脱皮后变成无翅雌蚜。7—8月产卵，幼虫孵化后为害根系，形成根瘤。根瘤蚜主要以孤雌生殖方式繁殖，只在秋末才行两性生殖，雌、雄交尾后越冬产卵。该害虫远程传播主要随苗木、插条的调运。

（三）防治方法

（1）加强检疫。尤其是从国外引进葡萄苗木、插条、接穗时，要仔细检疫，避免将该虫害传入。严禁从疫区调运苗木、插条等。

（2）苗木消杀。对可疑苗木和枝条进行药剂处理，可采用40%辛硫磷乳油1 500倍液或80%敌敌畏乳剂1 000～1 500倍液，浸泡1～2分钟，取出后阴干。

（3）土壤处理。对有根瘤蚜的葡萄园或苗圃，用40%氧乐果1 500倍液灌根，每株用药量15kg，或利用大水漫灌，阻止根瘤蚜的繁殖。也可以用40%辛硫磷500g拌50kg细土，每亩施用药土25kg，于下午15：00～16：00施入，随即翻入土内。

（4）选用抗根瘤蚜的砧木。我国已引入和谐、自由、更津1号和5A对根瘤蚜有较强抗性的砧木，可以选用。

十四、二黄斑叶蝉

葡萄二黄斑叶蝉又名葡萄浮尘子。属同翅目，叶蝉科。广泛分布在全国各葡萄产区，是葡萄的主要害虫之一。主要为害叶片，以成虫、若虫聚集在葡萄叶背面吸食汁液，受害叶片正面呈现密集的白色小斑点（图5-22），严重时叶片苍白或焦枯，从而引起大量落叶，影响果实、新梢成熟及花芽分化。大叶型欧美杂交品系受害重，小叶型欧洲品系受害较轻。

图5-22　叶片受害状

（一）形态特征

成虫：成虫（图5-23）体长2.9～3.7mm，头部淡黄色，复眼黑色，头顶前缘有2个明显的黑褐色小圆点。前胸背板前缘区有数个淡褐色斑纹，斑纹大小变化，有时全消失。翅半透明，淡黄白色，翅面具不规则的淡褐色斑纹，但其色泽深浅不一，形式多变或全缺。

卵：卵长椭圆形，长径约0.2mm。黄白色，稍弯曲。

若虫：若虫分红褐色与黄白两色两型，前者尾部上举，后者尾部不上举。老熟若虫体长约2mm。

图5-23　二黄斑叶蝉

（二）发生规律

我国北方年每生2代，山东省、陕西省和江南地区每年发生3代。以成虫在果园的杂草、落叶和附近的土石缝中过冬。翌年葡萄发芽前，先在发芽早的桃、梨、苹果、樱桃、山楂等寄主上吸食嫩叶汁液，葡萄展叶、花穗出现前后再迁至葡萄上为害。卵产于叶背，5月中旬第一代若虫出现，6月上旬第一代成虫发生，以后各代重叠。

（三）防治方法

（1）合理选址。葡萄建园时要远离桃、梨、苹果、樱桃、山楂等转寄主植物区域。

（2）清除虫源。冬季清园时，要铲除园边杂草、落叶，消灭越冬虫源。

（3）加强管理。生长期及时做好摘心、疏枝、去副梢等管理工作，改变果园通风透光条件，可减轻其为害。

（4）药剂防治。5月中下旬是第一代若虫发生期，可喷洒2.5%溴氰菊酯悬浮剂1 500～2 000倍液、或25%噻嗪酮可湿性粉剂1 000～1 500倍液、或22%噻虫·高氯氟悬浮剂3 000倍液、或40%氯虫·噻虫嗪水分散粒剂4 000～5 000倍液等。之后根据虫口情况再喷1～2次。

十五、葡萄蓟马

葡萄蓟马又名烟蓟马、棉蓟马，属于缨翅目，蓟马科。主要是若虫和成虫以锉吸式口器锉吸幼果、嫩叶和新梢表皮细胞的汁液。叶片受害因叶绿素被破坏，先出现褪绿的黄斑，后叶片变小，卷曲畸形（图5-24），干枯，有时还出现穿孔。被害的新梢生长受到抑制。幼果受害初期，果面上形成纵向的黑斑（图5-25），使整穗果粒呈黑色，后期果面形成纵向木栓化褐色锈斑，严重时会引起裂果。

（一）形态特征

成虫：成虫体长0.8～1.5mm，淡黄色至黑色，略有光泽。虫体细长，略扁。成虫非常活跃，但因虫体很小，肉眼很难看清。

卵：卵初期肾形，后变卵圆形，长约0.3mm，乳白色。

若虫：若虫体长1.2～1.6mm，淡黄色，形态与成虫相似，但有明显翅芽。

图5-24　叶片为害状　　　　　图5-25　果实为害状

（二）发生规律

华东每年发生6～10代，华南则发生20代以上。每代历时9～23天，夏季1代15天，世代重叠严重。一般3月下旬至4月上旬葡萄初花期开始为害子房或幼果，4月下旬至5月上旬为害花雷和幼果，初花期至落花后10天是蓟马为害最严重的时期。成虫活跃，能飞善跳，扩散快，白天喜在隐蔽处为害，夜间或阴天在叶面上为害。

（三）防治方法

（1）清除虫源。冬春清除果园内杂草和枯树落叶，9—10月和早春集中消灭在葱蒜上为害的蓟马，以减少虫源。

（2）物理防治。采用蓝板诱杀，既生态又环保，效果也很好。

（3）药剂防治。葡萄花期前后和其他发生高峰期，及时喷药防治，可选用21.4%虫螨腈悬浮剂1 500～2 000倍液、或2.5%多杀霉素悬浮剂1 500～2 000倍液、或5%阿维·虫螨腈水乳剂5 000倍液、或26%氯氟·啶虫脒水分散粒剂6 000～8 000倍液等，以上药剂交替使用。

十六、十星瓢萤叶甲

十星瓢萤叶甲又名葡萄十星叶甲、葡萄金花虫。以成虫、幼虫取食寄主的芽、叶、食叶成孔洞与缺刻（图5-26），留一层绒毛或叶脉，严重时常将叶片食光、残留主脉。

（一）形态特征

成虫：成虫（图5-27）体长9～14mm，宽7.0～9.8mm，体卵形，似瓢虫，黄褐色。头小，大部隐于前胸下。触角端末3～4节黑褐色，前胸背板宽略小于长的2.5倍，前角略向前伸突，表面具较细刻点。小盾片三角形，光亮无刻点。鞘翅刻点密细，每鞘翅具5个近圆形黑斑，排列顺序2—2—1。后胸腹板外侧、腹部每节两侧各具一黑斑，间或消失，足淡黄。雄虫腹末节顶端3叶状，中叶横阔，雌虫顶端微凹。

卵：卵椭圆形，初产淡绿色，后变黄褐至褐色，表面具不规则小突起。

幼虫：老熟幼虫体长约13mm，体扁，土黄色，除前胸外，体背各节均具黑斑。头小黄褐色，胸足3对，较小，除尾节外各节具突起，顶端黑褐色。

图5-26　十星瓢萤叶甲为害状　　　　图5-27　十星瓢萤叶甲

（二）发生规律

在分布区内，主要每年发生1代，但南方有2代的记载。以卵在枯枝落叶层下过冬，卵粘结成块状，来年5—6月孵化。幼虫老熟后钻入土中筑室化蛹，成虫羽化后迁至寄主为害。

（三）防治方法

（1）清除虫源。晚秋早春结合修剪，清理园内杂草、枯枝落叶，集中深埋或销毁，同时，深翻将土缝中越冬卵深埋，消灭越冬卵。

（2）药剂防治。成虫、幼虫发生期结合防治其他害虫可喷雾2.5%溴氰菊酯悬浮剂1 500～2 000倍液、或5%氯虫苯甲酰胺悬浮剂1 500～2 000倍液、或40%辛硫磷乳油1 000～1 500倍液、或25%噻嗪酮可湿性粉剂1 000～1 500均具良好的杀伤效果。

（3）人工捕杀。利用成、幼虫具假死性，地面铺塑料布，振落成、幼虫；小幼虫具群集习性，应特别注意捕杀下部叶片的小幼虫。

十七、介壳虫

康氏粉蚧属同翅目，粉蚧科，为植食性昆虫。以若虫和雌成虫刺吸芽、叶、果实、枝干及根部的汁液，嫩枝和根部受害常肿胀且易纵裂而枯死。果穗后期诱发煤污病，造成烂果（图5-28）。当介壳虫大量发生时，常密布于枝叶上（图5-29），介壳和分泌的蜡质等覆盖枝叶表面，严重影响植物的呼吸和光合作用。

（一）形态特征

成虫：雌成虫体长约5mm，宽约3mm，扁平。椭圆形，体淡粉红色，体表被有白色蜡质物，体缘具有17对白色蜡质刺，前端刺短，最末1对特别长。雄虫体长约1mm，体紫褐色，具翅1对，翅透明，后翅退化为棒状，尾毛长。

卵：卵椭圆形，浅橙黄色，数施粒集结成块，外覆白色蜡粉，形成白色絮状卵囊。

若虫：若虫初孵化时扁平，椭圆形，浅黄色，雌虫3龄，雄虫2龄。

蛹：蛹体长约1.2mm，浅紫色。触角、翅、足等均外露。

图5-28　介壳虫造成的烂果　　图5-29　介壳虫密布于枝叶上

（二）发生规律

以卵在树体裂缝、翘皮下及树干基部附近土缝处越冬。介壳虫繁殖能力强，一年发生多代。卵孵化为若虫，经过短时间爬行，营固定生活，即形成介壳。它的抗药能力强，一般药剂难以进入体内，防治比较困难。因此，一旦发生，不易清除干净。

不同地区、不同种类，其发生规律各不相同。除了有性繁殖，介壳虫还可进行孤雌繁殖。繁殖量大，产的卵90%以上均能发育，有的1年发生1代，高的可达3～4代。

（三）防治方法

（1）清除虫源。结合冬季修剪，刮除枝蔓上的裂皮，用硬毛刷清除越冬卵囊，捡拾修剪下的虫枝，带出园外销毁，以减少虫源。

（2）生物防治。康氏粉蚧天敌多，如草蛉、瓢虫，保护和利用天敌，可有效控制康氏粉蚧的危害。

（3）药剂防治。应抓住2个关键防治时期，第一是初龄若虫爬动期或雌成虫产卵前，第二是卵孵化盛期，选用低毒对症药剂进行防治，可选用25%噻嗪酮可湿性粉剂1 000～1 500倍液、或21%噻虫嗪悬浮剂4 000～5 000倍液、或22.4%螺虫乙酯悬浮剂4 000～5 000倍液、或22%氟啶虫胺腈悬浮剂5 000～6 000倍液等。

参考文献

李灿，姬延伟. 2014. 葡萄病虫害防治彩色图说（第二版）[M]. 北京：化学工业出版社.

李莉. 2017. 葡萄高效栽培与病虫害防治彩色图谱[M]. 北京：中国农业出版社.

刘淑芳. 2014. 图说葡萄病虫害诊断与防治[M]. 北京：机械工业出版社.

刘淑芳，贺永明. 2016. 葡萄科学施肥与病虫害防治[M]. 北京：化学工业出版社.

吕佩珂，高振江，苏慧兰. 2018. 葡萄病虫害诊断与防治原色图鉴[M]. 北京：化学工业出版社.

孟凡丽. 2017. 图说温室葡萄栽培关键技术[M]. 北京：化学工业出版社.

王江柱，赵胜建，解金斗，2011. 葡萄高效栽培与病虫害看图防治[M]. 北京：化学工业出版社.

王连起，王永立，张素芹. 2015. 葡萄栽培实用技术[M]. 北京：中国农业科学技术出版社.

杨治元. 2004. 葡萄病虫害防治[M]. 上海：上海科学技术出版社.

杨治元. 2008. 葡萄100个品种特性与栽培[M]. 北京：中国农业出版社.

翟秋喜，魏丽红. 2014. 葡萄高效栽培[M]. 北京：机械工业出版社.